Rechte und Pflichten beim Einbau und Betrieb von Rauchwarnmeldern

Lars Inderthal

Rechte und Pflichten beim Einbau und Betrieb von Rauchwarnmeldern

Grundlagen und Praxistipps für
Eigentümer, Mieter und Dienstleister in der
Wohnungswirtschaft

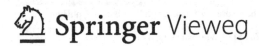

Lars Inderthal
infra-pro GmbH
Ehringshausen, Deutschland

ISBN 978-3-658-21768-6   ISBN 978-3-658-21769-3   (eBook)
https://doi.org/10.1007/978-3-658-21769-3

Die Deutsche Nationalbibliothek verzeichnet diese Publikation in der Deutschen Nationalbibliografie; detaillierte bibliografische Daten sind im Internet über http://dnb.d-nb.de abrufbar.

Springer Vieweg
© Springer Fachmedien Wiesbaden GmbH, ein Teil von Springer Nature 2018

Lektorat: Karina Danulat

Gedruckt auf säurefreiem und chlorfrei gebleichtem Papier

Springer Vieweg ist ein Imprint der eingetragenen Gesellschaft Springer Fachmedien Wiesbaden GmbH und ist ein Teil von Springer Nature
Die Anschrift der Gesellschaft ist: Abraham-Lincoln-Str. 46, 65189 Wiesbaden, Germany

Vorwort

Als Anfang der 2000er Jahre in Rheinland-Pfalz über die Verpflichtung zum Einbau von Rauchwarnmeldern in Wohnung diskutiert wurde, habe ich die Debatte sehr kritisch verfolgt. Das Ziel – die Rettung von Menschen – war ehrenhaft, aber als Baurechtler hatte ich Bedenken, ob die Landesbauordnung das richtige Gesetz war, um dieses Ziel zu erreichen.

Die Maßnahmen zum baulichen Brandschutz im Wohnungsbau, die die Landesbauordnungen in ihren Paragraphen regelt, betreffen weitgehend die Entstehung und Ausbreitung von Feuer und Rauch auf benachbarte Wohnungen. Sie schützen jedoch nicht die Personen in einer brennenden Wohnung. Für diese kommt auch der abwehrende Brandschutz in der Regel zu spät. Es bleibt den Bewohnern im Falle eines Brandes in der Wohnung nur die „Selbstrettung". Und um diese zu unterstützen, gibt es nach wie vor kein einfacheres und effizienteres Mittel, als den Einbau von Rauchwarnmeldern.

Die Landesbauordnung Rheinland-Pfalz sieht neben dem Einbau von Rauchwarnmeldern folgerichtig auch deren Betrieb vor. Es wurde allerdings in der Hoffnung auf eine zweckmäßige Auslegung auf die direkte Zuordnung von Pflichten verzichtet. Andere Bundesländer, die aus den Erfahrungen in Rheinland-Pfalz lernen konnten, haben die Verpflichtung zum Einbau und die Verpflichtung zur Sicherstellung der Betriebsbereitschaft für die Geräte den Eigentümern bzw. den unmittelbaren Besitzern zugeordnet. Aber auch damit sind rechtliche Unsicherheiten vor allem bei vermieteten Wohnungen nicht ausgeräumt. Die Rauchwarnmelderpflicht beschäftigt zunehmend die Gerichte – nicht zuletzt, weil für die Nutzung einer baulichen Anlage nach deren Fertigstellung die Landesbauordnung nicht mehr greift.

Der Inhalt des vorliegenden Buches wurde mir im Juni 2017 als Abschlussarbeit im Masterstudiengang „Vorbeugender Brandschutz" an der Technischen Akademie Südwest e. V. (TAS) zu Begutachtung vorgelegt. Zusammen mit Herrn Prof. Dr. jur. Jörg Zeller als Zweitbetreuer bin ich zu der Auffassung gekommen, dass die Veröffentlichung der Arbeit einen Beitrag zur technischen wie auch rechtlichen Beurteilung der „Rauchwarnmelderpflicht" für Eigentümer, Vermieter, Mieter wie auch für Dienstleister leisten kann.

Kaiserslautern, im November 2017   Prof. Ass. jur. Norbert Messer STORR a. D.

Hochschule
Kaiserslautern
University of
Applied Sciences

Inhaltsverzeichnis

Abbildungsverzeichnis

Tabellenverzeichnis

Abkürzungsverzeichnis

Abs.	Absatz
AG	Amtsgericht
Amtsbl.	Amtsblatt
Art.	Artikel
BauGB	Baugesetzbuch
BauO Bln	Bauordnung für Berlin
BauO LSA	Bauordnung des Landes Sachsen-Anhalt
BauO NRW	Bauordnung für das Land Nordrhein-Westfalen
BayBO	Bayerische Bauordnung
BB	Brandenburg
BbgBO	Brandenburgische Bauordnung
BE	Berlin
BetrKV	Betriebskostenverordnung
BewG	Bewertungsgesetz
BGB	Bürgerliches Gesetzbuch
BGH	Bundesgerichtshof
BMA	Brandmeldeanlage
BremLBO	Bremische Landesbauordnung
BVerfG	Bundesverfassungsgericht
BVerwG	Bundesverwaltungsgericht
BW	Baden-Württemberg
BY	Bayern
CO	Kohlenstoffmonoxid
CO_2	Kohlenstoffdioxid
dB(A)	Dezibel (A) - A-bewerteter Schalldruckpegel
DIBt	Deutsches Institut für Bautechnik
DIN	Deutsches Institut für Normung e.V.
EN	Europäische Norm
FwDV	Feuerwehr-Dienstvorschrift

GBl.	Gesetzblatt
GdW	Gemeinschaft der Wohnungseigentümer
GG	Grundgesetz
ggf.	gegebenenfalls
GVBl.	Gesetz- und Verordnungsblatt
GVOBl.	Gesetz- und Verordnungsblatt
HB	Bremen
HBauO	Hamburgische Bauordnung
HBKG	Hessisches Brand- und Katastrophenschutzgesetz
HBO	Hessische Bauordnung
HE	Hessen
Hg.	Herausgeber
Hg. v.	Herausgegeben von
HH	Hamburg
LBauO	Landesbauordnung Rheinland-Pfalz
LBauO M-V	Landesbauordnung Mecklenburg-Vorpommern
LBO	Landesbauordnung (allgemein)
LG	Landgericht
MBO	Musterbauordnung
MV	Mecklenburg-Vorpommern
n. F.	neue Fassung
NBauO	Niedersächsische Bauordnung
NI	Niedersachsen
NW	Nordrhein-Westfalen
OLG	Oberlandesgericht
ProdHaftG	Produkthaftungsgesetz
Rn.	Randnummer
RP	Rheinland-Pfalz
RWM	Rauchwarnmelder
SächsBO	Sächsische Bauordnung
SH	Schleswig-Holstein

SL	Saarland
SN	Sachsen
ST	Sachsen-Anhalt
TH	Thüringen
ThürBO	Thüringer Bauordnung
TS	Europäische Technische Spezifikation (Technical Specification)
WoEigG	Wohnungseigentumsgesetz
z.g.a.	zuletzt geprüft am
ZWE	Zeitschrift für Wohnungseigentumsrecht (Verlag C.H.Beck)

1 Einleitung

Datum: Sonntag, 31. Januar 2016, 10:00 Uhr
Ort: Leiferde, Landkreis Gifhorn, Niedersachsen

(sj) Es müssen dramatische Szenen gewesen sein, die den Gemeindebrand-meister von Leiferde (Landkreis Gifhorn) bei einem Wohnungsbrand erwarte-ten: Er wurde zu einem Feuer alarmiert und da er vom Einsatzort nur kurz entfernt wohnte, ging er zu Fuß dorthin. Dort fand er eine Frau sowie einen Mann mit einem Neugeborenen (einen Monat alt) auf dem Hausdach sitzend, die sich über Dachfenster dorthin gerettet hatten. Der Rauch drang schon aus den Fenstern. Sofort wies der Feuerwehrmann Nachbarn an, Leitern zu ho-len, um die Personen vom Dach zu holen, während er versuchte, den Mann zu beruhigen, damit dieser nicht in Panik ausbrach. Währenddessen kam die Feuerwehr und rettete den Mann mit dem Neugeborenen. Jedoch erzählten die Erwachsenen, dass sich in der Wohnung noch zwei weitere Kinder in ih-rem Zimmer befanden. Da die Jalousien noch heruntergelassen waren, muss-te die Feuerwehr sie mit Äxten aufbrechen. Im Inneren des Zimmers fanden sie dann zwei leblose Kleinkinder: ein anderthalbjähriges Mädchen sowie ei-nen zweijährigen Jungen: Sie schwebten akut in Lebensgefahr und wurden mit Rettungshubschraubern nach Braunschweig sowie nach Hannover geflo-gen. Leider verstarb das Mädchen noch auf dem Flug in die Klinik.

Momentan geht die Feuerwehr davon aus, dass die Bewohner der Wohnung im Schlaf überrascht wurden. Die Brandursache ist zurzeit noch unklar, ge-nauso, ob sich Rauchmelder in der Wohnung befanden oder nicht. Der Dach-stuhl brannte komplett aus.[1]

Tragische Unglücksfälle wie dieser ereignen sich in Deutschland nahezu täglich – und das, obwohl die Anforderungen an den baulichen Brandschutz zu den höchsten weltweit zählen und es ein einzigartiges, flächendeckendes Netz gut ausgerüsteter Feuerwehren gibt, die in den allermeisten Fällen in weniger als zehn Minuten an der Unglücksstelle sind. Offenbar ist das nicht ausreichend, denn etwa 350 Menschen[2] sterben jedes Jahr in Deutschland bei Bränden, ein großer Teil davon in der eigenen Wohnung.

---

[1] Quelle: http://www.nonstopnews.de/meldung/22122
[2] 343 Todesfälle (2015) in Deutschland infolge Exposition gegenüber Rauch, Feuer und Flammen; nach: Statistisches Bundesamt, Wiesbaden (2017): Todesursachen in Deutschland. 2015 (Fachserie 12 Reihe 4).

© Springer Fachmedien Wiesbaden GmbH, ein Teil von Springer Nature 2018
L. Inderthal, *Rechte und Pflichten beim Einbau und Betrieb von Rauchwarnmeldern*,
https://doi.org/10.1007/978-3-658-21769-3_1

Die Landesfeuerwehrverbände klären bereits seit einigen Jahrzehnten über die Gefahren von Brandrauch auf und empfehlen den Einbau von Rauchwarnmeldern, um die Bewohner bei einem Wohnungsbrand rechtzeitig zu warnen. Die Bemühungen waren aber nur zum Teil erfolgreich; die Ausstattungsquote von Wohnungen mit Rauchwarnmeldern lag Anfang der 2000er Jahre bei etwa 10 Prozent.

Nach mehrjähriger Diskussion hat schließlich Rheinland-Pfalz im Dezember 2003 eine Verpflichtung zum Einbau von Rauchwarnmeldern in Wohnungen in der Landesbauordnung beschlossen. Weitere Bundesländer folgten; bis schließlich am 1. Januar 2017 mit dem Inkrafttreten des „Dritten Gesetzes zur Änderung der Bauordnung für Berlin" auch im letzten der 16 Bundesländer eine Verpflichtung zum Einbau von Rauchwarnmeldern in der Landesbauordnung festgeschrieben wurde.

Möglicherweise aufgrund des Fehlens der Rauchwarnmelderpflicht in der Muster-Bauordnung (MBO) sind die Regelungen in den verschiedenen Landesbauordnungen sehr unterschiedlich formuliert, obwohl das Schutzziel gleich ist. Die Unterschiede betreffen beispielsweise die Räume, in denen Rauchwarnmelder eingebaut werden müssen, sowie die Personen, die zum Einbau und zur Sicherstellung der Betriebsbereitschaft der Rauchwarnmelder verpflichtet sind.

Die meisten Landesbauordnungen sehen vor, dass neben Neubauten auch bereits bestehende Wohnungen innerhalb einer Übergangsfrist mit Rauchwarnmeldern nachgerüstet werden müssen. Abweichend von dem Grundsatz, dass die zum Zeitpunkt der Baugenehmigung gültige Fassung der Landesbauordnung auch für eine spätere Bewertung des Gebäudes gilt, muss bei der Nachrüstung mit Rauchwarnmeldern also offenbar die jeweils aktuellste Fassung herangezogen werden.

Eine weitere Besonderheit ist, dass die Bauordnungen einiger Bundesländer die unmittelbaren Besitzer von Wohnungen direkt verpflichten. Unmittelbare Besitzer sind in Mietwohnungen die Mieter; offenkundig gehören diese jedoch nicht zu dem mit den Grundpflichten nach § 52 MBO[3] betrauten Personenkreis der „am Bau Beteiligten". Die je nach Bundesland unterschiedlichen Personen, die zum Einbau und zum Betrieb der Rauchwarnmelder verpflichtet sind, haben auch nicht die sonst während der Bauphase übliche Unterstützung durch Experten[4], sondern sind in der Beschaffung von Informationen und der Auslegung der gesetzlichen Bestimmungen nach Landesbauordnung wie auch in der Umsetzung auf sich alleine gestellt.

Im vorliegende Buch werden die Pflichten für die Beteiligten im Zuge der Umsetzung der Rauchwarnmelderpflicht in allen Bundesländern gegenübergestellt und analysiert. Es wird versucht, nicht unmittelbar definierte Pflichten und Obliegenheiten aus dem Kontext der jeweiligen Landesbauordnung sowie anderer einschlägiger Verordnungen, Gesetze und der aktuellen Rechtsprechung abzuleiten.

Für Eigentümer, Besitzer und Dritte[5] werden die gesetzlichen Anforderungen sowie die daraus abzuleitenden Maßnahmen und die rechtlichen Konsequenzen bei Pflichtverletzungen aufgezeigt.

---

[3]   ähnliche Regelungen finden sich in allen Landesbauordnungen
[4]   z. B. die Unterstützung durch den Architekten
[5]   z. B. Dienstleister, die Rauchwarnmelder im Auftrag der Eigentümer einbauen oder warten

Im Hauptteil werden zunächst grundlegende Begriffe geklärt und ein Überblick über das mit dem Einbau von Rauchwarnmeldern angestrebte Schutzziel sowie über den Stand der Technik für die Geräte entwickelt. Letzteres ist unter anderem wichtig, um die technischen Maßnahmen zum Einbau und zum Betrieb der Geräte bewerten zu können.

In einem weiteren Kapitel wird die aktuelle gesetzliche Regelung in den 16 Bundesländern dargestellt. Die Aufstellung erfolgt chronologisch in der Reihenfolge, in der die Rauchwarnmelderpflicht in dem jeweiligen Bundesland eingeführt wurde.

Ein wesentliches Kapitel analysiert die expliziten und impliziten Pflichten der Beteiligten. So wird zum Beispiel geklärt, welche Pflichten Vermieter neben dem fachgerechten Einbau der Rauchwarnmelder haben. Es wird in diesem Kapitel ferner die Verpflichtung zur Sicherstellung der Betriebsbereitschaft untersucht. In diesem Zusammenhang soll die Frage der Notwendigkeit einer jährlichen Inspektion und Wartung, wie sie in der Anwendungsnorm für Rauchwarnmelder DIN 14676 genannt ist, erörtert werden sowie die Bedingungen für eine Umlegung der Kosten einer solchen Maßnahme auf die Betriebskosten vermieteter Wohnungen.

Ein weiteres Kapitel befasst sich mit der Haftung bei Pflichtverletzungen im Zusammenhang mit dem Einbau oder dem Betrieb von Rauchwarnmeldern. Es werden die möglichen Konsequenzen untersucht für:

- Eigentümer, falls diese Rauchwarnmelder nicht oder mangelhaft einbauen bzw. einbauen lassen,

- Besitzer und Eigentümer, falls diese die Betriebsbereitschaft der eingebauten Geräte nicht sicherstellen,

- Dienstleister, falls diese die Rauchwarnmelder mangelhaft einbauen,

- den Sachversicherungsschutz, wenn Rauchwarnmelder in einer durch Brand beschädigten Wohnung nicht eingebaut oder nicht betriebsbereit waren.

Abschließend werden die unterschiedlichen Formulierungen in den 16 Landesbauordnungen hinsichtlich der Erreichung des Schutzziels unter Berücksichtigung der technischen und rechtlichen Realisierbarkeit analysiert. Das daraus resultierende „Best-Practice-Modell" könnte Grundlage für die Formulierung einer allgemeinen, über die Landesgrenzen hinaus geltenden Rauchwarnmelderpflicht sein.

Zu der eingangs beschriebenen Tragödie bleibt anzumerken, dass in der Wohnung keine Rauchwarnmelder vorhanden waren, obwohl in dem Bundesland bereits die Verpflichtung zum Einbau und Betrieb bestand. Laut Polizeibericht teilten die Brandermittler nach Auswertung der Spuren mit, dass ein elektrisches Gerät in der Küche der brandbetroffenen Wohnung ursächlich für die Entstehung des Feuers war, welches schließlich zum Herunterbrennen des gesamten Dachgeschosses führte und einen Gebäudeschaden von rund 200.000 Euro verursachte.[6]

---

[6]   vgl. http://www.presseportal.de/blaulicht/pm/56517/3242170

Wenn im vorliegenden Buch lediglich die männliche Form verwendet wird, geschieht das lediglich aus Gründen der besseren Lesbarkeit des Textes. Grundsätzlich sind mit Eigentümer auch Eigentümerinnen, mit Benutzer auch Benutzerinnen, mit Vermieter auch Vermieterinnen und mit Mieter auch Mieterinnen gemeint.

2 Rechtliche Begriffe

In den nachfolgenden Begriffserklärungen wird – soweit baurechtliche Regelungen aufgeführt sind – auf die Musterbauordnung Bezug genommen. Die Bauordnungen der Länder verwenden die Begriffe sinngemäß. Die Begriffe sind nicht alphabetisch, sondern nach dem Zusammenhang geordnet.

2.1 Schutzziel

Laut Definition des Bundesamtes für Bevölkerungsschutz ist ein Schutzziel „der angestrebte Zustand eines Schutzguts, der bei einem Ereignis erhalten bleiben soll."[7]

Im Bauordnungsrecht sind als Schutzgüter definiert:

- die öffentliche Sicherheit und Ordnung,
- Leben,
- Gesundheit,
- die natürlichen Lebensgrundlagen.[8]

Ereignisse, die das Schutzgut überstehen muss, sind neben dem Brand ganz allgemein auch Naturereignisse (z. B. Sturm, Hagel, Blitzschlag, Hochwasser, Erdbeben) und andere Geschehen wie Explosion, Krieg, Aufstand, Terrorismus usw.

Die Bauordnungen führen neben dem Schutzziel auch die zur Schutzzielerreichung notwendigen Maßnahmen auf. Die MBO definiert: „Anlagen sind so anzuordnen, zu errichten, zu ändern und instand zu halten, dass die öffentliche Sicherheit und Ordnung, insbesondere Leben, Gesundheit und die natürlichen Lebensgrundlagen, nicht gefährdet werden."[9]

Zum Einbau und Betrieb von Rauchwarnmeldern nennt die DIN 14676 folgendes Schutzziel: „Der Einsatz von Rauchwarnmeldern [...] dient der frühzeitigen Warnung von anwesenden Personen vor Brandrauch und Bränden, so dass diese Personen auf das Gefahrenereignis angemessen reagieren können."[10]

2.2 Wohnung

Eine umfassende Definition des Begriffs „Wohnung" findet sich im Bewertungsgesetz (BewG): „Eine Wohnung ist die Zusammenfassung einer Mehrheit von Räumen, die in ihrer Gesamtheit so beschaffen sein müssen, dass die Führung eines selbständigen Haushalts möglich ist. Die Zusammenfassung einer Mehrheit von Räumen muss eine von anderen Wohnungen oder Räumen, insbesondere Wohnräumen, baulich getrennte, in sich abgeschlossene Wohneinheit bilden und einen selbständigen Zugang haben. Außerdem ist erforderlich, dass die für die Führung eines selbständigen Haushalts notwendigen Nebenräume (Küche, Bad oder Dusche, Toilette) vorhanden sind. Die Wohnfläche muss mindestens 23 Quadratmeter (m²) betragen."[11]

---

[7] vgl. BBK-Glossar. Ausgewählte zentrale Begriffe des Bevölkerungsschutzes.

[8] vgl. § 3 MBO

[9] vgl. ebd.

[10] DIN 14676:2012, S. 5

[11] § 181 Abs. 9 BewG

© Springer Fachmedien Wiesbaden GmbH, ein Teil von Springer Nature 2018
L. Inderthal, *Rechte und Pflichten beim Einbau und Betrieb von Rauchwarnmeldern*,
https://doi.org/10.1007/978-3-658-21769-3_2

In der Musterbauordnung ist definiert, dass jede Wohnung eine Küche oder Kochnische, ein Bad mit Badewanne oder Dusche und eine Toilette haben muss.[12]

Wohnungen können sich über ein oder mehrere Geschosse erstrecken. Typischerweise befinden sich Wohnungen in verschiedenen Arten von Gebäuden, zum Beispiel in Einfamilienhäusern, Mehrfamilienhäusern, Doppelhäusern, Reihenhäusern usw.

Ein Wohnmobil oder Caravan ist keine Wohnung im baurechtlichen Sinn, da es sich hierbei nicht um eine bauliche Anlage nach § 2 MBO handelt. Ebenso fehlen die grundlegenden Eigenschaften einer Wohnung zum Beispiel bei Hotelzimmern, Pflegezimmer, Krankenzimmer oder Gefängniszellen.

2.3 Aufenthaltsraum

Aufenthaltsräume sind Räume, die zum nicht nur vorübergehenden Aufenthalt von Menschen bestimmt oder geeignet sind.[13] Als Aufenthaltsraum bestimmt ist ein Raum, wenn er beispielsweise im Bauantrag ausdrücklich als solcher bezeichnet ist. Ein Raum ist als Aufenthaltsraum geeignet, wenn er die erforderliche Mindesthöhe hat, um ihn aufrecht betreten und sich aufhalten zu können[14], sowie ausreichend belüftet und mit Tageslicht belichtet werden kann.[15]

Von vorgenannter Definition abweichend gelten in Wohnungen Nebenräume, wie Flure und Gänge (ausgenommen als Wohn- oder Essdielen geeignete Flurräume), Treppenräume, Wasch- und Toilettenräume (Bäder, WC, Duschen), Saunen, Speisekammern und andere Vorrats- und Abstellräume, Trockenräume u. ä. nicht als Aufenthaltsräume.[16]

Aufenthaltsräume müssen sich nicht in Wohnungen oder Wohngebäuden befinden, sondern können beispielsweise auch zu einer Gewerbeeinheit, einem Beherbergungsbetrieb, Pflegeheim, Krankenhaus usw. gehören.

2.4 Flur

Die Bauordnungen der Länder definieren „notwendige Flure" als „Flure, über die Rettungswege aus Aufenthaltsräumen oder aus Nutzungseinheiten mit Aufenthaltsräumen zu Ausgängen in notwendige Treppenräume oder ins Freie führen".[17] Nach MBO sind notwendige Flure in Wohngebäuden der Gebäudeklassen 1 und 2 nicht erforderlich.

Die DIN 14676 definiert den Flur in Wohnungen unabhängig von der Gebäudeklasse als „Verbindung zwischen Räumen und dem Ausgang der Nutzungseinheit, die als Fluchtweg genutzt werden muss."[18] Es wird dort angemerkt, dass dazu auch Treppenräume eines Einfamilienhauses und als Durchgang genutzte Räume gezählt werden.[19]

---

[12] vgl. § 48 MBO

[13] vgl. § 2 Abs. 5 MBO

[14] vgl. Simon/Busse/Nolte, 123. EL August 2016, BayBO Art. 45 Rn. 13-16

[15] vgl. § 47 Abs. 2 MBO

[16] vgl. Simon/Busse/Dirnberger, 123. EL August 2016, BayBO Art. 2 Rn. 508-511

[17] vgl. § 36 Abs. 1 MBO

[18] DIN 14676:2012-09, Abschn. 3.3

[19] vgl. ebd.

2.5 Bestandsschutz

Der Begriff „Bestandsschutz" bezeichnet den Schutz vor staatlichen Anforderungen zur Änderung oder zum Rückbau von baulichen Anlagen, die nach den zum Zeitpunkt der Fertigstellung
geltenden materiell-rechtliche Vorschriften erstellt wurden und dauerhaft wie ursprünglich vorgesehen genutzt werden. Solche staatlichen Anforderungen könnten zum Beispiel aus Gesetzes-
änderungen (Änderung oder Ergänzung der Landesbauordnung) abgeleitet werden. Der Begriff
„Bestandsschutz" wird im Baurecht nicht explizit genannt, sondern ausgehend von Art. 14 GG
aus der Rechtsprechung definiert.

Unterschieden wird in „passiven Bestandsschutz" und „aktiven Bestandsschutz". Gegenüber
dem passiven Bestandsschutz, der das Recht des Eigentümers auf unveränderte Nutzung einer
bestehenden baulichen Anlage bezeichnet, umfasst der aktive Bestandsschutz auch das Recht
auf Änderung und Ergänzung der baulichen Anlage, wenn die unveränderte Nutzung dies erfor-
dert.

2.6 Einbau

Beim Einbau eines Rauchwarnmelders wird dieser in das Gebäude eingefügt und somit wesentlicher Bestandteil des Gebäudes nach § 94 Abs. 2 BGB. Es ist dabei unerheblich, wie der Rauchwarnmelder mit dem Gebäude verbunden wird.

Die Anbringung, die Montage oder der Einbau von Rauchwarnmeldern muss nach den Vorgaben
des Herstellers in der Betriebs- bzw. Montageanleitung erfolgen. Darin sind neben dem geeigneten Montageort auch die erlaubten Montagemittel genannt. Weitergehende Hinweise zum Einbau von Rauchwarnmeldern enthält die Anwendungsnorm DIN 14676.

2.7 Sicherstellung der Betriebsbereitschaft

In einigen Landesbauordnungen ist festgelegt, wer für die „Sicherstellung der Betriebsbereitschaft" der eingebauten Rauchwarnmelder verantwortlich ist. Ziel ist, die Funktionsbereitschaft
der Geräte zu jedem Zeitpunkt zu gewährleisten, um im Falle eines Brandes zuverlässig die Bewohner vor Brandrauch zu warnen.

Die erforderlichen Maßnahmen zur Prüfung, Pflege und ggf. Wartung (z. B. Batteriewechsel)
sind in Betriebsanleitung des eingebauten Gerätes beschrieben.

Zur Sicherstellung der Betriebsbereitschaft ist außerdem erforderlich, die eingebauten Rauchwarnmelder:

- nicht zu entfernen,
- nicht abzukleben, zu übermalen oder abzudecken,
- nicht zu beschädigen oder anderweitig in der Funktion einzuschränken.

Die Funktion eines Rauchwarnmelders muss über die eingebaute Prüfeinrichtung regelmäßig
getestet werden. Dazu muss leidglich ein Knopf an dem Gerät betätigt werden.

2.8 Wartung

Nach Definition der DIN 31051 ist die Wartung neben der Inspektion, Instandsetzung und Verbesserung eine Grundmaßahme der Instandhaltung. Die Wartung umfasst „Maßnahmen zur Verzögerung des Abbaus des vorhandenen Abnutzungsvorrats"[20].

2.9 Eigentümer

Eigentümer eines Grundstücks, einschließlich der darauf errichteten baulichen Anlagen sind natürliche oder juristische Personen, die im Grundbuch als Eigentümer eingetragen sind.

2.10 Eigentümergemeinschaft

Ein Grundstück mit seinen baulichen Anlagen kann in Wohnungseigentum oder Teileigentum unterteilt sein. Dabei sind verschiedene Personen jeweils Eigentümer einer Wohnung (Wohnungseigentum) oder eines nicht zu Wohnzwecken genutzten Teils des Gebäudes oder des Grundstückes (Teileigentum). Neben dem einem einzelnen Eigentümer zugeordneten Sondereigentum (z. B. eine Wohnung oder eine Garage) gehören zu dem Wohnungseigentum oder Teileigentum das gemeinschaftliche Eigentum (z. B. Treppenraum, Gartenfläche usw.), das von allen Eigentümern des Gebäudes genutzt wird.

Die Teilhaber bilden auf Grundlage der §§ 741 – 758 BGB sowie des Wohnungseigentumsgesetzes (WoEigG) eine teilrechtsfähige juristische Person, die mit ähnlichen Rechten und Pflichten ausgestattet ist wie die Gesellschaft bürgerlichen Rechts. Die Verwaltung des Gemeinschaftseigentums steht den Teilhabern nach § 744 Abs. 1 BGB gemeinschaftlich zu. Maßnahmen, die insbesondere das Gemeinschaftseigentum betreffen, beschließt die „Gemeinschaft der Wohnungseigentümer" (GdW) nach Maßgabe des WoEigG. Die Ausführung der Beschlüsse erfolgt durch die Gemeinschaft selbst oder durch einen von ihr bestellten Verwalter.

---

[20] DIN 31051:2012-09: Grundlagen der Instandhaltung.

2.11 Besitzer

Der Besitz einer Sache wird nach BGB durch die „Erlangung der tatsächlichen Gewalt über die Sache erworben"[21]. Der Besitzer einer Sache muss nicht der Eigentümer der Sache sein.

Besitz wird unterschieden in:

Eigenbesitz:	Der Eigentümer ist gleichzeitig der Besitzer.[22]
unmittelbarer Besitz:	Vermietet der Eigentümer z. B. eine Wohnung, ist der Mieter[23], der die tatsächliche Gewalt über die Wohnung hat (Schlüssel, Hausrecht usw.), der unmittelbare Besitzer.[24]
mittelbarer Besitz:	Mittelbarer Besitzer ist, im Falle einer vermieteten Wohnung, der Eigentümer.[25] Auch wer eine Wohnung mietet und weitervermietet oder anderweitig an einen Dritten überlässt, ist, neben dem Eigentümer, mittelbarer Besitzer (mehrstufiger mittelbarer Besitz).[26]

Die in einigen Landesbauordnungen im Zusammenhang mit dem Betrieb von Rauchwarnmeldern genannten „unmittelbaren Besitzer" sind demnach bei vermieteten Wohnungen die Mieter (bzw. Untermieter) oder die Eigentümer, wenn sie die Wohnung selbst bewohnen.

2.12 Pflicht

Mit „Pflicht" wird das Gebot etwas zu tun oder etwas zu unterlassen bezeichnet. Pflichten entstehen entweder aus einem Schuldverhältnis – nur für die Vertragspartner – oder aus einer gesetzlichen Regelung – für alle, die in den Anwendungsbereich des Gesetzes fallen.

In Rechtsnormen sind Pflichten explizit genannt. In Verträgen müssen dagegen nur die Pflichten genannt werden, die von der übergeordneten Rechtsnorm abweichen. Im Kaufvertrag werden zum Beispiel üblicherweise nur die Vertragspartner, der Kaufgenstand, der Kaufpreis sowie Ort und Zeit der Übergabe vereinbart. Andere Regelungen, wie zum Beispiel die Maßnahmen bei Mängeln oder anderen Leistungsstörungen, sind im BGB festgelegt und gelten für alle Kaufverträge im Geltungsbereich des BGB, wenn sie nicht im Kaufvertrag explizit abweichend geregelt werden.

Im Schuldrecht können Gläubiger die Erfüllung einer Pflicht des Schuldners verlangen und notfalls einklagen. Der Staat verlangt von seinen Bürgern die Erfüllung der in Rechtsnormen genannten Pflichten und kann, falls diese nicht erfüllt werden, Zwangsmaßnahmen (z. B. Verwarnung, Bußgeld, Gelstrafe und Haftstrafe) anwenden.

---

[21] § 854 BGB

[22] vgl. § 872 BGB

[23] der Begriff „Mieter" bezieht sich auch auf in den Schutzbereich des Mietvertrags einbezogene Dritte (z. B. Familienmitglieder des Mieters)

[24] vgl. § 854 Abs. 1 BGB

[25] vgl. § 868 BGB

[26] vgl. § 871 BGB

2.13 Obliegenheit

Obliegenheiten sind in Verträgen und Rechtsnormen nicht explizite genannte Pflichten, die sich aus dem Kontext des Vertrages oder der Rechtsnorm ergeben. Im Gegensatz zu einer Pflicht kann die Obliegenheit vom Gläubiger nicht verlangt werden. Dennoch ist der Schuldner zum Schadensersatz verpflichtet, falls aus der Nichterfüllung einer Obliegenheit des Schuldners ein Schaden für den Gläubiger entsteht.

2.14 Haftung

Die Haftung bezeichnet im Allgemeinen die „Verpflichtung zum Schadensersatz" durch diejenigen natürlichen oder juristischen Personen, die für den eingetretenen Schaden verantwortlich sind.

Art und Umfang des Schadensersatzes sind in § 249 BGB geregelt. Demnach muss „der zum Schadensersatz Verpflichtete den Zustand herstellen, der bestehen würde, wenn der zum Ersatz verpflichtende Umstand nicht eingetreten wäre"[27]. Ist dies nicht möglich oder nicht innerhalb einer gesetzten Frist erfolgt, kann der Gläubiger den Ersatz in Geld verlangen.[28]

---

[27] § 249 Abs. 1 BGB
[28] vgl. § 249 Abs. 2 und §§ 250 - 253 BGB

3 Brandschutzmaßnahmen bei Wohngebäuden

3.1 Vorbeugung der Ausbreitung von Feuer und Rauch

Ein Wohngebäude, das auf der Grundlage der im jeweiligen Bundesland gültigen Landesbauordnung geplant, errichtet und instandgehalten ist, bietet seinen Bewohnern einen bestimmten, wenn auch nicht vollständigen Schutz vor Bränden oder zumindest Zeit, um sich nach Ausbruch eines Brandes in Sicherheit zu bringen. Die Landesbauordnungen enthalten dazu allgemeine Anforderungen an den Brandschutz und konkrete, materiell-rechtliche Vorschriften zur Ausbildung von Bauteilen (zum Beispiel Treppen, Wände, Decken, Dächer, Öffnungen), zur Anzahl und Länge von Rettungswegen usw. Im Vordergrund stehen bei diesen Vorgaben die Vorbeugung der Entstehung von Bränden (z. B. durch Anforderungen an die Brennbarkeit von Bauteilen) und der Ausbreitung von Feuer und Rauch auf benachbarte Wohnungen und Gebäude. Außerdem müssen bei einem Brand die Rettung von Menschen und Tieren sowie wirksame Löscharbeiten möglich sein.[29]

Abb. 3.1: Vorbeugung der Ausbreitung von Feuer und Rauch durch Bauteile

---

[29] vgl. § 14 MBO

© Springer Fachmedien Wiesbaden GmbH, ein Teil von Springer Nature 2018
L. Inderthal, *Rechte und Pflichten beim Einbau und Betrieb von Rauchwarnmeldern*,
https://doi.org/10.1007/978-3-658-21769-3_3

In Abbildung 3.1 sind schematisch die raumabschließenden Bauteile der Wohnungen in einem Mehrfamilienhaus dargestellt, die Feuer und Rauch aus einer angrenzenden Wohnung und aus dem gemeinschaftlich genutzten Treppenraum für eine bestimmte Zeit widerstehen. Das hilft den Personen in der brennenden Wohnung jedoch nicht.

Die Rettung von Menschen aus einer brennenden Wohnung ist zeitkritisch. Aufgrund der sich bereits unmittelbar nach Entstehung eines Brandes schnell ausbreitenden Rauchgase ist die Rettung meist nur innerhalb weniger Minuten möglich. In der Regel ist eine brennende Wohnung beim Eintreffen der Feuerwehr[30] bereits so weit verraucht, dass darin keine Personen mehr überleben können. Bewohner der angrenzenden Wohnungen – auch im selben Haus – sind bei Einhaltung der Bauvorschriften aber mindestens so lange sicher, bis die Feuerwehr wirksame Hilfe eingeleitet hat. Das gilt auch dann, wenn der erste Fluchtweg (z. B. der Treppenraum) verraucht ist und nicht zur Selbstrettung benutzt werden kann.

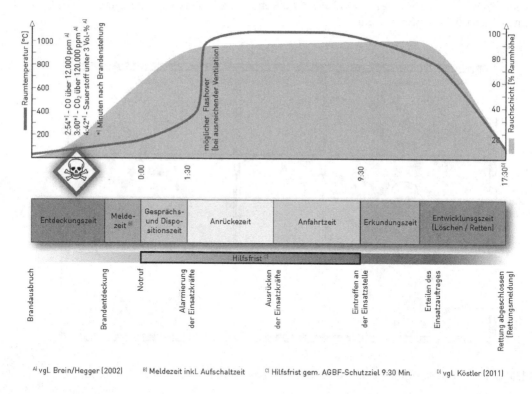

Abb. 3.2: Hilfsfristen der Feuerwehr und Frist zur Selbstrettung bei Raumbränden

---

[30] Die Hilfsfrist von 8 - 12 Minuten (je nach Bundesland) beginnt mit der Meldung bei der Notrufzentrale. Hinzu kommt die Zeit für die Entdeckung und die so genannte Meldefrist, also der Zeitraum bis ein Telefon verfügbar ist und die Notrufnummer gewählt wurde.

Abbildung 3.2 zeigt im oberen Teil den möglichen Temperaturverlauf und die Verrauchung in einer brennenden Wohnung. Der Temperaturverlauf ist hauptsächlich von den Ventilationsbedingungen und den vorhandenen Brandlasten abhängig. Steht nicht genug Sauerstoff zur Verfügung, wie das bei geschlossenen Fenstern meist der Fall ist, oder ist nur eine geringe Menge brennbaren Materials vorhanden, kann ein Wohnungsbrand unter Umständen auch von selbst wieder verlöschen. Schneller als die Temperatur steigt jedoch die Rauchkonzentration im Raum an. Infolge der zunehmenden Konzentration an Kohlenmonoxid (CO) und Kohlendioxid (CO_2), verstärkt durch den abnehmende Sauerstoffgehalt in der Atemluft, werden Personen im Brandraum bereits etwa zwei Minuten nach Entstehung eines Brandes fluchtunfähig oder bewusstlos. Die lebensbedrohliche Konzentration an Kohlenmonoxid, das bei der unvollkommenen Verbrennung bei Wohnungsbränden entsteht, ist in weniger als drei Minuten überschritten.[31]

Im unteren Teil der Abbildung 3.2 sind schematisch die Vorgänge bei der Alarmierung der Feuerwehr dargestellt. Auch wenn die beiden Teile der Grafik nicht einfach kombiniert werden können, verdeutlich die Abbildung, dass die Hilfsfrist, in der die Feuerwehr die Einsatzstelle erreicht haben soll, zum Zeitpunkt der lebensgefährlichen Konzentration von Rauchgasen in der Wohnung noch nicht mal begonnen hat. Für die Bewohner der brennenden Wohnung bleibt demnach nur die „Selbstrettung". Das heißt, die Bewohner müssen schnellstmöglich nach Ausbruch eines Brandes diesen löschen oder die Wohnung verlassen. Weder bauliche noch abwehrende Maßnahmen des Brandschutzes sind hier hilfreich.

Die Gefahr durch Brandgase ist bei einem Wohnungsbrand nicht auf den Brandraum begrenzt, sondern betrifft die gesamte Wohnung. Laut einer Literaturauswertung des Instituts der Feuerwehr Sachsen-Anhalt kommt die Mehrzahl der Brandopfer nicht im eigentlichen Brandraum zu Tode, sondern sowohl in angrenzenden als auch in entfernten Räumen, in die sich die Brandgase ausbreiten.[32] Problematisch ist insbesondere die Verrauchung der Fluchtwege innerhalb der Wohnung. Meist grenzen in einer Wohnung mehrere Räume an einen Flur an, der für die Selbstrettung benutzt werden muss. Ein nur für einige Minuten unentdeckter Brand in einem der angrenzenden Räume kann bereits dazu führen, dass die Bewohner den Fluchtweg nicht mehr begehen können.

---

[31] vgl. Brein, D.; Hegger, T. Fr.: Gefahrenpotenziale summieren sich. In: Brand Aktuell 2002 (13/02).

[32] Pleß, G.; Seliger, U. (2007): Entwicklung von Kohlendioxid bei Bränden in Räumen. Forschungsbericht Nr. 145. Hg. v. Institut der Feuerwehr Sachsen-Anhalt.

3.2   Schutzziele von Rauchwarnmeldern

Um die Bewohner innerhalb der Wohnung vor Brandrauch zu schützen, muss eine rasche Entdeckung gewährleistet sein. Im „wachen" Zustand ist das für die meisten Menschen kein Problem – Brandrauch wird bereits in sehr geringer Konzentration über den Geruchssinn wahrgenommen. Allerdings haben Wissenschaftler im Rahmen einer 2004 an der Brown University (Providence, Rhode Island, USA) durchgeführten Studie nachgewiesen, dass schlafende Menschen von Gerüchen nicht geweckt werden.[33]

Um die Selbstrettung von Personen in einer brennenden Wohnung zu ermöglichen, sind mittlerweile in allen Landesbauordnungen der Einbau und Betrieb von Rauchwarnmelder vorgeschrieben. Die Funktion dieser Geräte ist, Brandrauch frühzeitig zu erkennen und zu melden. Insbesondere schlafende Personen sollen durch einen lauten Alarmton geweckt werden. Die Landesbauordnungen sehen aus diesem Grund vor, dass Rauchwarnmelder vor allem in Schlafräumen und Kinderzimmern vorhanden sein müssen. Um den Fluchtweg in der Wohnung auch bei Eindrang von Rauchgasen aus angrenzenden Räumen abzusichern, sind darüber hinaus die Flure mit Rauchwarnmeldern auszurüsten.

Zum Einbau und Betrieb von Rauchwarnmeldern nennt die DIN 14676 folgendes Schutzziel: „Der Einsatz von Rauchwarnmeldern [...] dient der frühzeitigen Warnung von anwesenden Personen vor Brandrauch und Bränden, so dass diese Personen auf das Gefahrenereignis angemessen reagieren können."[34] Die gebotene Reaktion ist die Selbstrettung – also die Flucht aus dem Gefahrenbereich. Nur wenn geeignete Löschmittel schnell zur Verfügung stehen, die Bewohner in deren Umgang geübt sind und sich dadurch nicht selbst in Gefahr bringen, ist auch ein Löschversuch möglich.

Allerdings muss auch klar herausgestellt werden, dass Rauchwarnmelder über das definierte Ziel „Selbstrettung der Bewohner" für den Vorbeugenden Brandschutz nur nachgeordneten Nutzen haben. Das liegt hauptsächlich daran, dass auf die lokale akustische Alarmierung nach der Erkennung von Rauch keine automatische Aktion folgt. Im Gegensatz zu einer Brandmeldeanlage, die beispielsweise selbsttätig die Feuerwehr alarmiert, muss das Alarmsignal eines Rauchwarnmelders von einer „handlungsfähigen" Person wahrgenommen werden, die dann Maßnahmen einleitet – zum Beispiel telefonisch einen Notruf absetzt.

Auch kann nicht davon ausgegangen werden, dass mit Rauchwarnmeldern keine Opfer bei Wohnungsbränden mehr zu beklagen sein werden. Eine Auswertung der Statistik zu Brandtodesfällen des Leipziger Instituts für Rechtsmedizin zeigt, dass in 263 untersuchten Fällen lediglich 82 Personen (entspricht ca. 31 Prozent) durch einen Rauchwarnmelder eine Überlebenschance gehabt hätten.[35] Die anderen etwa 69 Prozent waren jünger als 5 Jahre oder älter als 80 Jahre, waren alkoholisiert, erlitten einen Inhalationshitzeschock, begingen Suizid oder hielten sich in Bereichen des Gebäudes auf, in denen sie durch einen Rauchwarnmelder nicht hätten gewarnt werden können.[36]

---

[33]   vgl. Carskadon, M.; Herz, R. (2004): Minimal Olfactory Perception During Sleep: Why Odor Alarms Will Not Work for Humans.

[34]   DIN 14676:2012, S. 5

[35]   vgl. Wilk, E.; Lessig, R.; Walther, R. (2011): Zum Nutzen häuslicher Rauchwarnmelder. In: vfdb Zeitschrift für Forschung, Technik und Management im Brandschutz (4/2011), S. 190–196.

[36]   z. B. im Keller

3.3 Aufbau und Funktionsweise von Rauchwarnmeldern

Die DIN 14011 – Begriffe aus dem Feuerwehrwesen – definiert den Rauchwarnmelder als:

„Gerät, bei dem alle Bauteile, die zur Feststellung von Rauch sowie zur Generierung eines akustischen Alarms erforderlich sind, in einem Gehäuse untergebracht sind."[37]

Damit sind die grundlegenden Eigenschaften eines Rauchwarnmelders bereits umfassend beschrieben. In der Tat sind alle Komponenten, die der Rauchwarnmelder zur Erkennung von Rauch und zur Alarmierung benötigt, in einem kompakten Gehäuse untergebracht. Es sind weder externe Zuleitungen zur Energieversorgung[38] noch zur Signalweiterleitung erforderlich, wie das beispielsweise bei Brandmeldern einer Brandmeldeanlage der Fall ist. Die Energieversorgung erfolgt in der Regel mittels einer eingebauten Batterie; in neueren Geräten hat diese eine Kapazität für mindestens zehn Jahre Betrieb.

Die technischen Mindestanforderungen an Rauchwarnmelder sind in der Europäischen Norm EN 14604:2005 definiert. Als Bauprodukt nach der europäischen Bauproduktenverordnung[39] (BauPVO) wird die Leistungsbeständigkeit des Produktes durch eine Notifizierte Produktzertifizierungsstelle festgestellt. Rauchwarnmelder müssen seit August 2008 die CE-Kennzeichnung tragen, um auf dem europäischen Markt verkauft werden zu dürfen. Gemäß EN 14604:2005 muss jeder Rauchwarnmelder den Rauch der definierten Testfeuer T2 bis T5[40] innerhalb vorgegebener Zeit erkennen und einen Alarm mit einer Lautstärke von mindestens 85 dB(A)[41] erzeugen. Darüber hinaus muss jeder Rauchwarnmelder über eine interne Stromversorgung und eine Einrichtung zum Prüfen des Geräts verfügen. Insbesondere die Einrichtung zum Prüfen des Rauchwarnmelders, bei der Rauch in der Rauchkammer simuliert wird, stellt eine deutliche Verbesserung der Betriebssicherheit von Rauchwarnmeldern dar. Durch Betätigen der Prüftaste können Bewohner mit hundertprozentiger Sicherheit feststellen, ob ihr Rauchwarnmelder funktionsbereit ist oder ob Maßnahmen (zum Beispiel Austausch der Batterie) erforderlich sind.

Rauchwarnmelder früherer Generationen (vor 2008) konnten meist nur mit Prüfgas getestet werden. Die Anforderungen an die Raucherkennung waren nicht dokumentiert, so dass einige Fabrikate zu spät und andere zu schnell Alarm auslösten, auch wenn es keinerlei Anzeichen von Rauchentwicklung gab. Dies und der häufig erforderliche Wechsel der Batterien führte dazu, dass bei vielen Geräte bereits nach wenigen Monaten die Betriebsbereitschaft nicht mehr sichergestellt war. Oft wurden die Geräte von den Bewohnern nach mehreren Fehlalarmen deaktiviert oder eine leere Batterie wurde nicht ersetzt. Erst durch die Normung und deren verbindliche Einführung im August 2008[42] wurde sichergestellt, dass die Batterie mindestens für ein Jahr Betrieb ausreicht und die Funktion jederzeit von den Bewohnern ohne Hilfsmittel und ohne besondere Kenntnisse geprüft werden kann.

---

[37] DIN 14011:2010-06: Begriffe aus dem Feuerwehrwesen

[38] Es gibt auch Rauchwarnmelder mit externer 230V-Energieversorgung und interner Backup-Batterie für den Fall eines Stromausfalls.

[39] Verordnung (EU) Nr. 305/2011 des Europäischen Parlaments und des Rates vom 9. März 2011 zur Festlegung harmonisierter Bedingungen für die Vermarktung von Bauprodukten

[40] vgl. DIN EN 54-7; Testfeuer T2: Pyrolyse-Schwelbrand (Holz), T3: Glimm-Schwelbrand (Baumwolle), T4: offener Kunststoffbrand (Polyurethan), T5: Flüssigkeitsbrand (n-Heptan)

[41] gemessen in 3 m Entfernung

[42] Die EN 14604:2005 ist seit 05/2006 anwendbar; Ende der Übergangsfrist war 08/2008.

Stand der Technik sind Rauchwarnmelder mit fest eingebauter Batterie, die eine Kapazität für mindestens zehn Jahre Betrieb haben[43]. Qualitativ hochwertige Geräte verfügen darüber hinaus über eine Elektronik zur besseren Erkennung von Täuschungsgrößen[44] und zur Vermeidung von Fehlalarmen. Solche Geräte führen regelmäßig im Abstand von wenigen Minuten einen Selbsttest durch und passen die Ansprechschwelle an den Verschmutzungsgrad der Rauchkammer und die Alterung der Sensorik automatisch an. Sollte bei einem Selbsttest ein Fehler festgestellt werden, wird das über akustische oder optische Signale angezeigt. Die Bewohner können die Betriebsbereitschaft zusätzlich jederzeit über die Prüftaste feststellen, bei Geräten der neuesten Generation auch optional über eine Smartphone-App.

Die Produktnorm EN 14604:2005 lässt die Vernetzung mehrerer Rauchwarnmelder über ein bauseits verlegtes Kabel oder per Funk[45] zu. In beiden Fällen wird von allen Rauchwarnmeldern der vernetzten Gruppe ein akustischer Alarm ausgegeben, wenn einer der Rauchwarnmelder Rauch erkennt. Aktuelle Modelle werden vor allem wegen des einfachen nachträglichen Einbaus per Funk vernetzt und bieten die Möglichkeit, weitere Geräte in das Netzwerk zu integrieren. Neben Handfeuermeldern[46] werden von verschiedenen Herstellern optische Signaleinrichtungen[47], Fernbedienungen bis hin zum Internetgateway angeboten. Mit Letzterem kann ein Alarmsignal oder eine Störungsmeldung beispielsweise an ein Smartphone übertragen werden. Anwendung finden diese Erweiterungen häufig in Sonderbauten, in denen eine Brandmeldeanlage bauaufsichtlich nicht vorgeschrieben ist, zum Beispiel in Altenpflegeheimen oder Kindertagesstätten. Standard in Wohnungen sind nicht vernetzte Geräte. Alleine auf diese beziehen sich die Landesbauordnungen mit der Verpflichtung zum Einbau und zum Betrieb von Rauchwarnmeldern.

Vorgenannte Funkvernetzung ist nicht zu verwechseln mit der sogenannten „Ferninspektion"[48] von Rauchwarnmeldern. Größere Dienstleister für die Wohnungswirtschaft, die vornehmlich im Bereich der Verbrauchsmessung und -abrechnung tätig sind, haben Rauchwarnmelder entwickelt, die ihren Zustand in einem internen Speicher protokollieren. Diese gespeicherten Daten können aus einigen Metern Entfernung per Funkverbindung ausgelesen werden. Die Geräte sind in der Lage, neben technischen Fehlfunktionen auch zu geringe Abstände zu Gegenständen in der Umgebung (Wände, Schränke usw.) sowie eine Verschmutzung der Raucheintrittsöffnungen festzustellen. Zur Prüfung der Geräte muss die Wohnung nicht betreten werden. Der Servicetechniker kann den Status von außerhalb des Gebäudes erfassen und muss nur bei einer festgestellten Fehlfunktion eine Reparatur oder einen Austausch durchführen.

---

[43] vgl. vfdb-Richtlinie 14/01, 2009-10: Zusatzanforderungen für Rauchwarnmelder, Anforderungen und Prüfmethoden.

[44] z. B. Wasserdampf, Kochdämpfe, Staub

[45] Hochfrequenz-Funkverbindung, üblicherweise im ISM-Band (433 MHz) oder im SRD-Band (868 MHz)

[46] z. B. Druckknopfmelder an der Wand mit der Aufschrift „Hausalarm"

[47] hauptsächlich zur Alarmierung von hörgeschädigten Bewohnern

[48] gelegentlich auch unzutreffend „Fernwartung" genannt

3.4 Kosten der Ausstattung von Wohnungen

Ein Qualitäts-Rauchwarnmelder mit fest eingebauter 10-Jahres-Batterie kostet etwa 23,- Euro[49]. Zuzüglich der Kosten für den fachgerechten Einbau in Höhe von etwa 7,- Euro fallen in einer Wohnung mit durchschnittlich 3,4 Rauchwarnmeldern[50] also Gesamtkosten für die Ausrüstung in Höhe von ca. 100,- Euro an. Auf die Lebensdauer der Geräte von zehn Jahren ergeben sich 10,- Euro pro Wohnung und Jahr.[51] Kosten für die Instandhaltung der Geräte werden hier nicht angesetzt.

Sollten restlos alle 41,4 Mio. Wohnungen in Deutschland[52] mit Rauchwarnmeldern ausgerüstet sein, betrügen die jährlichen Kosten demnach ca. 414 Mio. Euro. Für jede mit statistischer Wahrscheinlichkeit durch Rauchwarnmelder vor dem Tod bewahrte Person (31 Prozent[53] von 343 Personen[54]) wären das ca. 3,9 Mio. Euro. Dabei nicht berücksichtigt sind Personen, die durch Rauchwarnmelder einer Verletzung entgehen sowie eine mögliche Verringerung von Sachschäden durch „Nebeneffekte" der Rauchwarnmelder.[55]

Neben den Kosten für Wohnungseigentümer entstehen Kosten für die Allgemeinheit durch Fehlalarmierungen von Rettungskräften. Die Feuerwehr Hamburg musste beispielsweise im Jahr 2016 zu 1.380 Fehlalarmen privater Rauchwarnmelder ausrücken.[56] Das sind über 11 Prozent aller 11.702 Brand-Alarmierungen. Nach den Feuerwehrgesetzen der Länder sind Brandeinsätze für den Gebäudeeigentümer oder -besitzer nicht kostenpflichtig[57]; das gilt üblicherweise auch wenn es sich um eine Fehlalarmierung handelt.

---

[49] eigene Recherche für qualitativ hochwertige Standard-Geräte ohne Funkvernetzung

[50] Laut „Gebäude- und Wohnungszählung" 2011: 4,4 Räume pro Wohnung – abzgl. Wohnzimmer, die in fast allen Bundesländern von der Pflicht zur Ausstattung ausgenommen sind, ergeben sich 3,4 Räume, in denen Rauchwarnmelder eingebaut werden müssen.

[51] Auf die gesamte Lebensdauer gesehen etwas höhere Kosten entstehen, wenn Rauchwarnmelder verwendet werden, die einen jährlichen Batteriewechsel erfordern sowie bei Vergabe an einen Dienstleister, der die Geräte bereitstellt und wartet.

[52] am 31.12.2015; vgl. Statistisches Bundesamt, Wiesbaden (2016): Gebäude und Wohnungen. Bestand an Wohnungen und Wohngebäuden 1969 - 2015. Abschn. 1.1.3

[53] siehe 3.2, letzter Absatz

[54] 343 Todesfälle (2015) in Deutschland infolge Exposition gegenüber Rauch, Feuer und Flammen; nach: Stat. Bundesamt, Wiesbaden (2017): Todesursachen in Deutschland. 2015 (Fachserie 12 Reihe 4).

[55] siehe Kap. 6.1.1

[56] vgl. Freie und Hansestadt Hamburg (Hg.): Feuerwehr Hamburg - Jahresbericht 2016

[57] vgl. z. B. § 61 HBKG; Ausnahmen gelten bei Vorsatz oder grober Fahrlässigkeit sowie üblicherweise für Betreiber einer Brandmeldeanlage bei Fehlalarmierung.

4 Gesetzliche Regelungen zum Einbau und Betrieb von Rauchwarnmeldern

4.1 Entwicklung der Rauchwarnmelderpflicht in Deutschland

Anfang der 2000er Jahre hat sich in Deutschland eine Kampagne gebildet, die den Einbau von Rauchwarnmeldern in Wohnungen voranbringen wollte und das letztlich auch geschafft hat. Getrieben wurden die Aktivitäten anfänglich vor allem von Brandschützern, die aus den positiven Erfahrungen mit der gesetzlichen Rauchwarnmelderpflicht in einigen europäischen Nachbarländern beeindruckt waren. Gründungsmitglieder der Initiative zur Verbreitung der Botschaft „Rauchmelder retten Leben" waren neben dem Deutschen Feuerwehrverband e.V. (DFV) und der Vereinigung zur Förderung des Deutschen Brandschutzes e. V. (vfdb) mehrere Handwerks- und Industrieverbände sowie der Gesamtverband der Deutschen Versicherungswirtschaft e.V. (GDV).

Unterstützt durch die Kampagne wurde erstmals mit dem „Landesgesetz zur Änderung der Landesbauordnung Rheinland-Pfalz (LBauO)" vom 22.12.2003[58] eine Verpflichtung zur Ausstattung von Wohnungen mit Rauchwarnmeldern in einer Landesbauordnung aufgenommen. Der dem § 44 („Wohnungen") neu zugefügte Absatz 8 war recht einfach formuliert:

In Wohnungen müssen Schlafräume und Kinderzimmer sowie Flure, über die Rettungswege von Aufenthaltsräumen führen, jeweils mindestens einen Rauchwarnmelder haben. Die Rauchwarnmelder müssen so eingebaut oder angebracht und betrieben werden, dass Brandrauch frühzeitig erkannt und gemeldet wird.

Der Gesetzentwurf vom 03.07.2003 enthielt zunächst die Anforderung, die einzubauenden Rauchwarnmelder an die 230V-Stromversorgung anzuschließen. Dieser Satz wurde jedoch gestrichen.

Mit dem neuen Absatz 8 wurde klargestellt, dass die Bauherrin oder der Bauherr einer Wohnung, mit deren Bau ab dem 31.12.2003 begonnen wird, in den genannten Räumen Rauchwarnmelder fachgerecht einzubauen hat. Darüber hinaus ist festgelegt, dass diese auch betrieben werden müssen, denn die Bauherrin oder der Bauherr sind dafür verantwortlich, dass baurechtliche und sonstige öffentlich-rechtliche Vorschriften eingehalten werden. Weitere „am Bau Beteiligte" (genannt sind: Entwurfsverfasser, Fachplaner, bauausführende Unternehmen) tragen eine Verantwortung nur im Rahmen ihres Wirkungskreises, der üblicherweise den Betrieb eines Bauwerks nicht umfasst.

Es folgten die Bundesländer Saarland, Schleswig-Holstein, Hessen, Sachsen-Anhalt, Hamburg, Mecklenburg-Vorpommern und Thüringen mit nahezu identischen Vorgaben zum Einbau von Rauchwarnmeldern. Bis auf Thüringen und das Saarland wurden allerdings in den vorgenannten Bundesländern zusätzlich Übergangsfristen genannt, bis zu deren Ende die Eigentümer auch bestehende Wohnungen mit Rauchwarnmeldern auszustatten haben. Für Neubauten galt die Verpflichtung bereits mit dem Inkrafttreten der Änderung im jeweiligen Bundesland. Rheinland-Pfalz, Thüringen und das Saarland haben eine Übergangsfrist zur Nachrüstung später durch eine weitere Änderung der Landesbauordnungen ergänzt.

---

[58] in Kraft getreten am 31.12.2003

© Springer Fachmedien Wiesbaden GmbH, ein Teil von Springer Nature 2018
L. Inderthal, *Rechte und Pflichten beim Einbau und Betrieb von Rauchwarnmeldern*,
https://doi.org/10.1007/978-3-658-21769-3_4

Die Bauordnungen in Schleswig-Holstein und Hessen wurden 2009 (SH) bzw. 2010 (HE) erneut geändert. Die Rauchwarnmelderpflicht wurde jeweils um eine Klarstellung ergänzt, dass die so genannte „Sicherstellung der Betriebsbereitschaft" den unmittelbaren Besitzern obliegt. In den Bundesländern, in denen die Rauchwarnmelderpflicht später in Kraft getreten ist, mit Ausnahme von Brandenburg, ist diese Formulierung ebenfalls enthalten.

In Baden-Württemberg und Sachsen müssen Rauchwarnmelder nicht ausschließlich in Wohnungen, sondern in allen „Aufenthaltsräumen, in denen bestimmungsgemäß Personen schlafen und Fluren, die zu diesen Aufenthaltsräumen führen" eingebaut werden. Davon betroffen sind zum Beispiel auch Sonderbauten (Altenpflegeheime, Kindertagesstätten, Beherbergungsstätten usw.), die über keine andere Einrichtung zur Erkennung und Alarmierung von Rauch verfügen. In Wohnungen müssen demnach ebenfalls in Schlafzimmern und Fluren Rauchwarnmelder eingebaut werden, nicht jedoch Kinderzimmern, wenn diese lediglich als „Spielzimmer" genutzt werden.

In den Bundesländern Berlin und Brandenburg, in denen die Rauchwarnmelderpflicht zuletzt in Kraft getreten ist, müssen in Wohnungen alle Aufenthaltsräume, mit Ausnahme von Küchen, durch Rauchwarnmelder überwacht werden.

Die Musterbauordnung enthält keine Verpflichtung zum Einbau von Rauchwarnmeldern. Die Bauministerkonferenz hat bereits im November 2002 beschlossen, eine solche Regelung nicht in die MBO aufzunehmen. Der Beschluss wurde im Mai 2004 bekräftigt. „Stattdessen soll auch weiterhin durch gezielte Öffentlichkeitsarbeit darauf hingewiesen werden, dass Eigentümer und Wohnungsnutzer auf freiwilliger Basis die Sicherheit vor Bränden und Brandfolgen in ihrer Wohnung einfach und kostengünstig erhöhen können, wenn sie Rauchwarnmelder eigenverantwortlich einbauen und instandhalten."[59]

---

[59] Niederschrift über die Sitzung der Bauministerkonferenz am 27./28. Mai 2004, TOP 13

Tabelle 4.1: Inkrafttreten und Übergangsfristen der Rauchwarnmelderpflicht

Bundesland	Regelung in Kraft getreten	Letzte Änderung	Übergangsfrist für bestehende Wohnungen bis:
Rheinland-Pfalz	31.12.2003	04.07.2007	11.07.2012
Saarland	01.06.2004	15.07.2015	31.12.2016
Schleswig-Holstein	01.04.2005	22.01.2009	31.12.2010
Hessen	24.06.2005	03.12.2010	31.12.2014
Hamburg	01.04.2006		31.12.2010
Mecklenburg-Vorp.	01.09.2006	15.10.2015	31.12.2009
Thüringen	29.02.2008	13.03.2014	31.12.2018
Sachsen-Anhalt	22.12.2009		31.12.2015
Bremen	01.05.2010		31.12.2015
Niedersachsen	13.04.2012		31.12.2015
Bayern	01.01.2013		31.12.2017
Nordrhein-Westfalen	01.04.2013		31.12.2016
Baden-Württemberg	23.07.2013		31.12.2014
Sachsen	01.01.2016		– [60]
Brandenburg	01.07.2016		31.12.2020
Berlin	01.01.2017		31.12.2020

---

[60] In Sachsen ist bis dato keine Übergangsfrist zur Nachrüstung bestehender Wohnungen festgelegt.

4.2 Unterschiede in der Formulierung der Rauchwarnmelderpflicht

Durch das zeitversetzte Inkrafttreten in den Bundesländern über 13 Jahre hinweg (2003 bis 2016) konnten in den später verabschiedeten Regelungen die Erfahrungen aus der Umsetzung in anderen Bundesländern einfließen. Die Formulierungen wurden im Verlauf immer wieder angepasst.

Inhaltlich lassen sich alle Formulierungen in vier Blöcke einteilen:

1) WO: Räume, in denen Rauchwarnmelder eingebaut werden müssen

2) WIE: Art und Weise der Anbringung zur Erreichung des Schutzziels

3) WANN: Übergangsfrist zur Nachrüstung bestehender Wohnungen

4) WER: Verantwortlichkeit für Einbau und Betrieb

In allen Landesbauordnungen ist das WO und WIE festgelegt. Eine Übergangsfrist, bis zu deren Ende auch bestehende Wohnungen mit Rauchwarnmeldern ausgerüstet sein müssen, haben einige Bundesländer mit Inkrafttreten der Regelung bestimmt, andere Bundesländer erst durch eine spätere Änderung.

Die Ausrüstung der bestehenden Wohnungen mit Rauchwarnmelder ging zunächst nur schleppend voran; auch weil nicht geregelt war, wer konkret für den Einbau der Rauchwarnmelder verantwortlich ist. Um eine eindeutige Zuordnung der Pflichten zu bestimmen, wurde in der am 01.09.2006 in Kraft getretenen Rauchwarnmelderpflicht in der Landesbauordnung Mecklenburg-Vorpommern festgelegt, dass bestehende Wohnungen bis zum Ende einer Übergangsfrist durch den Besitzer auszustatten sind.[61] In der Folge wurde in allen ab 2010 in anderen Bundesländern verabschiedeten Regelungen ebenfalls die Verantwortlichkeit festgelegt – allerdings wurden die Eigentümer zum Einbau und die unmittelbaren Besitzer zum Betrieb der Geräte verpflichtet. Bereits im Mai 2009 hat Schleswig-Holstein die seit 2005 bestehende Rauchwarnmelderpflicht geändert und die Verantwortlichkeiten für Einbau und Betrieb ergänzt.

---

[61] vgl. § 48 Abs. 4 LBO-MV

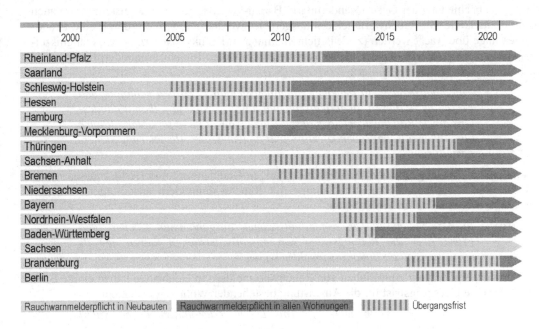

Abb. 4.1: Rauchwarnmelderpflicht für Neu- und Bestandsbauten

Abbildung 4.1 zeigt die Termine, an denen die Verpflichtung zum Einbau von Rauchwarnmeldern in Neubauten im jeweiligen Bundesland in Kraft getreten ist sowie die Übergangsfristen, bis zu deren Ende auch bestehende Wohnungen ausgerüstet sein müssen.

Alle Landesbauordnungen bis einschließlich der in Nordrhein-Westfalen beginnen nahezu mit dem gleichen Wortlaut:

1a)   *In Wohnungen müssen Schlafräume und Kinderzimmer sowie Flure, über die Rettungswege von Aufenthaltsräumen führen, jeweils mindestens einen Rauchwarnmelder haben.*

2a)   *Die Rauchwarnmelder müssen so eingebaut oder angebracht und betrieben werden, dass Brandrauch frühzeitig erkannt und gemeldet wird.*

Die Landesbauordnung Baden-Württemberg bezieht die Rauchwarnmelderpflicht nicht ausschließlich auf Wohnungen. Die Verpflichtung wurde nicht unter dem Abschnitt zur Wohnung, sondern den Allgemeinen Bestimmungen zum Brandschutz formuliert:[62]

1b)   *Aufenthaltsräume, in denen bestimmungsgemäß Personen schlafen, sowie Rettungswege von solchen Aufenthaltsräumen in derselben Nutzungseinheit sind jeweils mit mindestens einem Rauchwarnmelder auszustatten.*

---

[62]   Auch in der Landesbauordnung Hessen wurde die Rauchwarnmelderpflicht in § 13 HBO („Brandschutz") festgelegt, bezieht sich aber dennoch ausschließlich auf Wohnungen.

Nach Verabschiedung der Gesetzesänderung in Baden-Württemberg wurde diskutiert, ob auch Aufenthaltsräume mit Rauchwarnmeldern ausgerüstet werden müssen, die durch eine Brandmeldeanlage überwacht werden (z. B. Patientenzimmer in Krankenhäusern oder Gefängniszellen). In der einige Monate später in Sachsen verabschiedeten Rauchwarnmelderpflicht wurde deshalb zur Klarstellung formuliert:

1c)   *Aufenthaltsräume, in denen bestimmungsgemäß Personen schlafen, und Flure, die zu diesen Aufenthaltsräumen führen[63], sind jeweils mit mindestens einem Rauchwarnmelder auszustatten, soweit nicht für solche Räume eine automatische Rauchdetektion und angemessene Alarmierung sichergestellt sind.*

In den beiden zuletzt geänderten Landesbauordnungen Brandenburg und Berlin müssen neben Schlafräumen auch andere Aufenthaltsräume mit Rauchwarnmeldern ausgestattet werden – allerdings wiederum nur in Wohnungen:

1d)   *In Wohnungen müssen Aufenthaltsräume, ausgenommen Küchen, und Flure, über die Rettungswege von Aufenthaltsräumen führen, jeweils mindestens einen Rauchwarnmelder haben.*

Neben der Verpflichtung zum Einbau von Rauchwarnmeldern in Neubauten haben einige Bundesländer eine Übergangsfrist für die Ausrüstung bestehender Wohnung festgelegt:

3a)   *Vorhandene[64] Wohnungen sind [bis Datum oder innerhalb Zeitraum] auszurüsten.*

– oder –

3b)   *Die Eigentümer[65] vorhandener Wohnungen sind verpflichtet, jede Wohnung bis zum [Datum] entsprechend auszustatten.*

– oder –

3c)   *Eigentümerinnen und Eigentümer bereits bestehender Gebäude sind verpflichtet, diese bis zum [Datum] entsprechend auszustatten.*

– oder –

3d)   *Wohnungen, die bis zum [Datum des Inkrafttretens] errichtet oder genehmigt sind, haben die Eigentümer[65] spätestens bis zum [Datum] entsprechend den Anforderungen [...] auszustatten.*

– oder –

3e)   *Bestehende Wohnungen sind bis zum [Datum] durch den Besitzer entsprechend auszustatten.*

---

[63] Im Gegensatz zu der Formulierung in BW fehlt in SN der Zusatz „in derselben Nutzungseinheit".
[64] oder: „Bestehende"
[65] oder: „Eigentümerinnen und Eigentümer"

Die Formulierung 3b, die in mehreren Landesbauordnungen verwendet wird, unterscheidet sich von der Formulierung 3c (nur in BW verwendet) durch die Adressierung der Eigentümer der Wohnung bzw. der Eigentümer der Gebäude. Auswirkungen hat das vor allem auf Wohnungseigentümergemeinschaften, die nach 3c gemeinschaftlich verpflichtet sind.[66] Nach Formulierung 3b ist jeder einzelne Wohnungseigentümer der Gemeinschaft zur Ausrüstung seiner Wohnungen verpflichtet.

Bereits in der Festlegung der Rauchwarnmelderpflicht in Rheinland-Pfalz aus dem Jahre 2003 wurde davon ausgegangen, dass die Bauherren die Rauchwarnmelder einzubauen haben und die Bewohner sich um den Betrieb kümmern. In der zweiten Lesung zum Gesetzentwurf führt der Abgeordnete Carsten Pörksen dazu aus: „Wir sind der Auffassung, wenn der Wohnungsersteller verpflichtet wird, ihn einzubauen, dann meine ich, ist es vom Wohnungsbesitzer nicht zu viel verlangt, die Verantwortung dafür zu übernehmen, dass das Gerät auch intakt bleibt, das heißt, wenn die Batterie leer ist, sie auch zu wechseln."[67]

Allerdings enthielt der Gesetzentwurf keine entsprechende Anforderung. Das Gesetz beschreibt lediglich den Zustand, der bei der Fertigstellung einer Wohnung bzw. bei bestehenden Wohnungen am Ende der Übergangsfrist hergestellt sein muss, nicht aber wer dafür verantwortlich ist. Bei Neubauten ist nach den weiteren Bestimmungen der Landesbauordnung der Bauherr für den Einbau verantwortlich. Allgemein wird davon ausgegangen, dass die Nachrüstung von Rauchwarnmeldern den Eigentümern der Wohnungen obliegt. Haben die Eigentümer die Geräte eingebaut, sind sie auch für deren Instandhaltung zuständig, wenn nichts anderes geregelt ist.[68]

Da die Betriebsbereitschaft von Rauchwarnmeldern in vermieteten Wohnungen jedoch vom Vermieter schon alleine wegen des eingeschränkten Betretungsrechts der vermieteten Wohnung nur sehr mühsam sichergestellt werden kann, haben einige Bundesländer dazu eine Regelung in der Landesbauordnung aufgenommen:

4a) *Die Sicherstellung der Betriebsbereitschaft obliegt den unmittelbaren Besitzern, es sei denn, der Eigentümer übernimmt die Verpflichtung selbst.*

– oder –

4b) *Die Sicherstellung der Betriebsbereitschaft obliegt den unmittelbaren Besitzerinnen und Besitzern, es sei denn, die Eigentümerinnen oder die Eigentümer haben diese Verpflichtung übernommen.*

– oder –

---

[66] dazu allerdings auf der Internetseite des Ministeriums für Wirtschaft, Arbeit und Wohnungsbau Baden-Württemberg: „Die Verpflichtung zur Ausstattung von Räumen mit Rauchwarnmeldern nach § 15 Abs.7 LBO trifft baurechtlich auch bei Eigentumswohnungen [...] allein die einzelne Wohnungseigentümerin oder den einzelnen Wohnungseigentümer und nicht etwa die Eigentümergemeinschaft. Die Umsetzung der Rauchwarnmelderpflicht nach der Landesbauordnung Baden-Württemberg durch die Wohnungseigentümerin oder den Wohnungseigentümer verlangt daher keinen Beschluss der Wohnungseigentümergemeinschaft.", online unter: https://wm.baden-wuerttemberg.de/de/bauen/baurecht/bauordnungsrecht/faq-rauchwarnmelder; abgerufen am 02.06.2017

[67] Landtag Rheinland-Pfalz (Hg.) (2003): Plenarprotokoll 14/60, 14. Wahlperiode, 60. Sitzung, 10.12.2003. S. 3972

[68] vgl. Wall, Dietmar; Mietrechtliche Probleme beim Einbau von Rauchwarnmeldern; In: Wohnungswirtschaft und Mietrecht (WuM), 2013, 3-25, DMB Verlags- und Verwaltungsgesellschaft des Mieterbundes mbH

4c)   *Für die Sicherstellung der Betriebsbereitschaft der Rauchwarnmelder in den [...] genannten Räumen und Fluren sind die Mieterinnen und Mieter, Pächterinnen und Pächter, sonstige Nutzungsberechtigte oder andere Personen, die die tatsächliche Gewalt über die Wohnung ausüben, verantwortlich, es sei denn, die Eigentümerin oder der Eigentümer übernimmt diese Verpflichtung selbst.*

– oder –

4d)   *Die Betriebsbereitschaft der Rauchwarnmelder hat der unmittelbare Besitzer sicherzustellen, es sei denn, der Eigentümer hat diese Verpflichtung bis zum [Datum des Inkrafttretens] selbst übernommen.*

– oder –

4e)   *Die Sicherstellung der Betriebsbereitschaft obliegt den Mietern oder sonstigen Nutzungsberechtigten, es sei denn, die Eigentümerin oder der Eigentümer übernimmt diese Verpflichtung selbst.*

Die Kombination der unterschiedlichen Formulierungen in den Landesbauordnungen ist in der nachfolgenden Tabelle zusammengefasst.

Tabelle 4.2: Formulierungen in den Bauordnungen der Länder

Bundesland	Aktuelle Regelung in Kraft seit:	WO	WIE	WANN	WER
Rheinland-Pfalz	04.07.2007	1a	2a	3a	–
Saarland	15.07.2015	1a	2a	3b	4b
Schleswig-Holstein	22.01.2009	1a	2a	3b	4b
Hessen	03.12.2010	1a	2a	3b	4b
Hamburg	01.04.2006	1a	2a	3a	–
Mecklenburg-Vorp.	15.10.2015	1a	2a	3e[69]	–
Thüringen	13.03.2014	1a	2a	3a	–

(Fortsetzung nächste Seite)

---

[69] Die Verpflichtung der Besitzer wurde im Oktober 2015 gestrichen.

(Fortsetzung Tabelle 4.2: Formulierungen in den Bauordnungen der Länder)

Bundesland	Aktuelle Regelung in Kraft seit:	WO	WIE	WANN	WER
Sachsen-Anhalt	22.12.2009	1a	2a	3a	–
Bremen	01.05.2010	1a	2a	3b	4a
Niedersachsen	13.04.2012	1a	2a	3d	4c
Bayern	01.01.2013	1a	2a	3b	4a
Nordrhein-Westfalen	01.04.2013	1a	2a	3d	4d
Baden-Württemberg	23.07.2013	1b	2a	3c	4a
Sachsen	01.01.2016	1c	2a	–	4a
Brandenburg	01.07.2016	1d	2a	3a	–
Berlin	01.01.2017	1d	2a	3a	4e

4.3 Anwendung der Rauchwarnmelderpflicht

Mit der Verpflichtung zum Einbau von Rauchwarnmeldern brechen einige Landesbauordnungen augenscheinlich mit bisherigen Grundsätzen. Zum einen wird mit der Verpflichtung zur Ausrüstung bestehender Wohnungen der Bestandsschutz aufgehoben. Zum anderen werden Personengruppen adressiert, die nicht zu den „am Bau Beteiligten" gehören.

4.3.1 Bestandsschutz

Im Gesetzgebungsverfahren zur Rauchwarnmelderpflicht in Rheinland-Pfalz wurde bereits 2003 diskutiert, ob neben der Verpflichtung zum Einbau in neue Wohnungen auch eine Ausweitung auf bereits bestehende Wohnung sinnvoll und möglich sei. Letztlich wurde die Rauchwarnmelderpflicht jedoch auf neuzubauende Wohnungen begrenzt, um nicht in den Bestandsschutz einzugreifen. Während der zweiten Lesung im Landtag am 10.12.2003 wurde diesbezüglich bemerkt, „es gäbe sicherlich verfassungsrechtliche Probleme", wenn auch die Ausrüstung bestehender Wohnungen vorgeschrieben werde.[70] Einige Jahre später wurde die Rauchwarnmelderpflicht dann doch auch auf bestehende Wohnungen ausgeweitet, nachdem dies bereits in fünf anderen Bundesländern beschlossen wurde.

---

[70] Abgeordneter Pörksen, SPD; Landtag Rheinland-Pfalz (Hg.) (2003): Plenarprotokoll 14/60, 14. Wahlperiode, 60. Sitzung, 10.12.2003. S. 3971

Die Zurückhaltung gegenüber gesetzlichen Regelungen, die sich auf vorhandene bauliche Anlagen beziehen, ist dennoch nicht ganz unbegründet. Das Bundesverwaltungsgericht hat das „Rechtsinstitut des baulichen Bestandsschutzes" als „verfassungsunmittelbar auf Artikel 14 Abs. 1 Satz 1 GG gegründete Anspruchsgrundlage entwickelt, um den Eigentümern baulicher Anlagen Rechte entgegen der einfachgesetzlichen Rechtslage, bzw. über diese hinausgehend, zukommen zu lassen."[71]

Im Baugenehmigungsverfahren prüft die Bauaufsichtsbehörde, ob die vorgesehene bauliche Anlage den öffentlich-rechtlichen Vorschriften entspricht und erteilt nach positiver Feststellung die Baugenehmigung. Wird die so genehmigte Baumaßnahme innerhalb der in der im Bauordnungsrecht festgelegten Zeit nach Erteilung begonnen, kann der Bauherr die bauliche Anlage wie beantragt und unter Berücksichtigung eventueller in der Baugenehmigung bezeichneten Auflagen erstellen und anschließend nutzen. So lange die bauliche Anlage unverändert instandgehalten wird[72] und auch die Nutzung weitgehend der ursprünglich vorgesehenen Nutzung entspricht, sind der Bauherr und seine Rechtsnachfolger vor staatlichen Anforderungen zur Änderung oder zum Abriss geschützt.

Dieser so genannte „Bestandsnutzungsschutz"[73] ist allerdings im Baurecht nicht explizit definiert, sondern durch die Rechtsprechung des BVerwG wie auch des BVerfG aus Art. 14 GG Abs. 1 hergeleitet:

Das Eigentum und das Erbrecht werden gewährleistet. Inhalt und Schranken werden durch die Gesetze bestimmt.[74]

Im Satz 2 des Art. 14 Abs. 1 ist indes bereits vorgegeben, dass durch die einfache Gesetzgebung der Rahmen für den Bestandsschutz geschaffen wird. Einfaches Beispiel: Der Eigentümer eines Grundstückes kann dieses nicht nach eigenem Ermessen bebauen, sondern muss die einschlägigen Gesetze und Verordnungen beachten, angefangen von den Regelungen im Baugesetzbuch über die materiellrechtlichen Anforderungen der Landesbauordnung bis hin zu Satzungen der Stadt oder Gemeinde. Der Gesetzgeber muss dagegen schon bei der Formulierung der diesbezüglichen Gesetze und Verordnungen die nach Grundgesetz garantierte Gewährleistung des Eigentums berücksichtigen.

Für Normen, die zu Beginn einer konkreten Baumaßnahme bereits Gültigkeit haben, steht außer Frage, dass diese beachtet werden müssen. Genau diese „Übereinstimmung mit öffentlich-rechtlichen Vorschriften" prüft die Bauordnungsbehörde im Baugenehmigungsverfahren. Vielfach strittig ist jedoch, wie sich Änderungen an diesen Vorschriften auf bestehende bauliche Anlagen auswirken, die ja vermeintlich Bestandsschutz genießen. Das Bundesverfassungsreicht hat diesbezüglich bereits 1971 festgelegt, dass der Gesetzgeber „im Rahmen des Art. 14 Abs. 1 Satz 2 GG bestehende Rechte inhaltlich umformen und unter Aufrechterhaltung des bisherigen Zuordnungsverhältnisses neue Befugnisse und Pflichten festlegen kann."[75] Regelungen, die in bestehende Rechtspositionen eingreifen, sind jedoch „nur zulässig, wenn sie

---

[71] Bahnsen, K. (2011): Der Bestandsschutz im öffentlichen Baurecht. 1. Aufl. Baden-Baden: Nomos (Schriften zum Baurecht, 8), S. 273

[72] also nicht verfällt oder zerstört wird

[73] d.h. Bestandsschutz unter der Voraussetzung der weitgehend ungeänderten Nutzung

[74] Art. 14 Abs. 1 GG

[75] BVerfG (1. Senat), Beschluss vom 08.07.1971 - 1 BvR 766/66

durch Gründe des öffentlichen Interesses unter Berücksichtigung des Grundsatzes der Verhältnismäßigkeit gerechtfertigt sind."[76]

Eingriffe in den Bestandsschutz einer bestehenden baulichen Anlage sind also möglich, wenn der Eingriff im öffentlichen Interesse ist und für den Eigentümer die Auswirkungen im Verhältnis zum Nutzen des Eingriffs stehen. Ändert eine Gemeinde zum Beispiel den Bebauungsplan so, dass nur noch eine zweigeschossige Bauweise möglich ist, gilt diese Anforderung für alle Bauvorhaben, die noch nicht genehmigt wurden. Die Gemeinde kann allerdings von Eigentümern bestehender dreigeschossiger Gebäude nicht verlangen, dass sie das obere Stockwerk abbrechen. Das wäre definitiv nicht verhältnismäßig.

Bezogen auf die Rauchwarnmelderpflicht sehen die Landesbauordnungen vor, dass auch bestehende Wohnungen mit Rauchwarnmeldern ausgerüstet werden müssen. Betroffen sind also auch Wohnungen, die zum Zeitpunkt der Herstellung den öffentlich-rechtlichen Vorgaben entsprochen haben und seither unverändert zu Wohnzwecken genutzt wurden. Für die Eigentümer stellt sich die Frage, ob die später in Kraft getretene Gesetzesänderung mit der Verpflichtung zum Einbau von Rauchwarnmeldern umgesetzt werden muss, oder ob sie sich auf „Bestandsschutz" berufen können, die Anforderung also nicht umsetzen müssen.

Dazu muss zunächst geprüft werden, ob die grundsätzlichen Anforderungen nach dem vom BVerfG vorgegebenen Schema im Zuge der Gesetzgebung berücksichtigt wurden:

a) Öffentliches Interesse:

Die Ausrüstung von Wohnungen mit Rauchwarnmeldern dient dem Schutz des Lebens und der Gesundheit der Bewohner. Der Schutz der Bürger ist das oberste Ziel des Staates; somit kann zweifellos von einem öffentlichen Interesse ausgegangen werden. Ohne gesetzliche Regelung konnte eine befriedigende Ausstattungsquote mit Rauchwarnmeldern nicht erreicht werden. Um das Schutzziel zu erreichen, gibt es keine geeignete Alternative.

b) Verhältnismäßigkeit:

Bei der Frage nach der Verhältnismäßigkeit stehen Kosten für die Ausrüstung einer Wohnung mit Rauchwarnmeldern in Höhe von durchschnittlich ca. 10,- Euro pro Jahr[77] einer möglichen Beeinträchtigung des Lebens oder der Gesundheit der Bewohner entgegen.

Zweifellos fällt diese Betrachtung zu Gunsten der Rauchwarnmelderpflicht aus. Durch lange Übergangfristen für die Ausrüstung bestehende Wohnungen hat man außerdem versucht, die Auswirkungen auf die Eigentümer gering zu halten.

Andererseits hat der Verfassungsgerichtshof Rheinland-Pfalz grundsätzlich festgestellt, dass der Gesetzgeber nicht verpflichtet ist, die Anbringung von Rauchwarnmeldern in Wohnungen gesetzlich vorzuschreiben.[78] Danach gebietet „die Pflicht des Staates, Leben und Gesundheit seiner Bürger durch Maßnahmen zur Gefahrenabwehr und Gefahrenvorsorge zu schützen, von Verfassungs wegen nicht, jedes nützliche und verantwortungsbewusste Verhalten gesetzlich

---

[76] BVerfG (1. Senat), Beschluss vom 08.07.1971 - 1 BvR 766/66

[77] siehe 3.4 auf Seite 17

[78] vgl. RhPfVerfGH, Urteil vom 05.07.2005, Aktenzeichen VGH B 28/04.

vorzuschreiben.[79] Der Gesetzgeber darf bei seiner Entscheidung, in welchem Umfang er seiner Schutzpflicht genügt, die Grundentscheidung der Verfassung für Freiheit und Selbstverantwortung der Menschen (Art. 1 II RhPf.Verf.) ebenso berücksichtigen wie Gründe der Verwaltungspraktikabilität und der Vermeidung zusätzlicher Regelungsdichte."[80]

Beschwerdeführerin in dem Verfahren war eine Sechsjährige, die mit der Verfassungsbeschwerde erreichen wollte, dass in Rheinland-Pfalz auch in bestehenden Wohnungen Rauchwarnmelder gesetzlich vorgeschrieben werden sollen, was – unabhängig von dem Urteil – noch im Jahr der Verkündung trotzdem erfolgt ist. Das Gericht wies die Beschwerde mit der Begründung ab, dass die Beschwerdeführerin den begehrten Schutz ihres Lebens und der körperlichen Unversehrtheit durch Maßnahmen ihrer sorgeberechtigten Mutter, die sie im Verfahren vertreten hat, leicht selbst erreichen könnte.

4.3.2 Verpflichtung von Eigentümern und Besitzern

Neben der Bestandschutz-Problematik – und in Verbindung mit dieser – ist die Verpflichtung von Eigentümern und Besitzern zumindest nach den Landesbauordnungen einiger Bundesländer nicht ohne Widerspruch. Abgesehen von dem sachlichen Geltungsbereich, der in der Bauordnung ausführlich festgelegt ist, muss der persönliche und der zeitliche Geltungsbereich der Bauordnung betrachtet werden.

Der persönliche Geltungsbereich – die in der Bauordnung genannten Personen und deren Verantwortlichkeiten – ist in den Bundesländern unterschiedlich geregelt. Alle Bundesländer adressieren die „Bauherrschaft"[81] als Gesamtverantwortliche für Maßnahmen im Zuge der Errichtung, Aufstellung, Anbringung, Änderung, Nutzungsänderung, Abbruch oder Beseitigung von baulichen Anlagen. Daneben sind „andere am Bau Beteiligte" genannt, die eine Verantwortung nur „im Rahmen ihres Wirkungskreises" trifft. Im Einzelnen aufgeführt sind Entwurfsverfasser, Unternehmen und die Bauleitung. Deren öffentlich-rechtliche Verantwortung beginnt mit den ersten bauvorbereitenden Tätigkeiten und endet mit der endgültigen Fertigstellung der baulichen Anlage.[82] Danach gelten nur noch der allgemeine Grundsatz der Verhaltens- und Zustandshaftung[83] sowie an den Bauherrn gerichtete Nebenbestimmungen aus der Baugenehmigung[84].

---

[79] vgl. Ermächtigung nach der Bauaufsichtlichen Generalklausel bei „konkreter Gefahr" auf S. 33
[80] Kein staatlicher Zwang zur Installation von Rauchmeldern in Bestandsgebäuden (2005). In: NVwZ - Zeitschrift für Verwaltungsrecht (12), S. 1420–1422.
[81] in einigen Landesbauordnungen „Bauherrin und Bauherr" oder nur „Bauherr"
[82] vgl. Michl: Beck'scher Online-Kommentar Bauordnungsrecht Bayern, Spannowsky/Manssen (Hrsg.). 3. Edition, Stand: 01.03.2017, Art. 49, Rn. 11 - 12
[83] vgl. ebd., Art. 49, Rn. 12
[84] vgl. ebd., Art. 50, Rn. 8

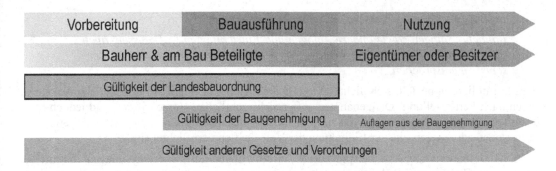

Abb. 4.2: Zeitlicher und persönlicher Geltungsbereich der Landesbauordnung

Lediglich zwei Bundesländer erweitern die Verantwortlichkeit in der Landesbauordnung zeitlich über die Baumaßnahme hinaus. Weil mit der endgültigen Fertigstellung der Baumaßnahme die Bauherrschaft endet, sind dann die Eigentümer, Erbbauberechtigte oder die Besitzer verantwortlich.

Im vierter Teil („Verantwortung der am Bau Beteiligten") der Landesbauordnung Rheinland-Pfalz ist in § 54 („Grundsatz") geregelt:

(1) Bei der Errichtung, Änderung, Nutzungsänderung oder dem Abbruch baulicher Anlagen sowie anderer Anlagen und Einrichtungen [...] sind die Bauherrin oder der Bauherr und im Rahmen ihres Wirkungskreises die anderen am Bau Beteiligten dafür verantwortlich, dass die baurechtlichen und die sonstigen
öffentlich-rechtlichen Vorschriften eingehalten werden.

(2) Die Bauherrin oder der Bauherr sowie die Eigentümerin oder der Eigentümer sind dafür verantwortlich, dass bauliche Anlagen sowie Grundstücke den baurechtlichen Vorschriften entsprechen. Wer erbbauberechtigt ist, tritt an die Stelle der Person, die das Eigentum innehat. Wer die tatsächliche Gewalt über eine bauliche Anlage oder ein Grundstück ausübt, ist neben der Person, die das Eigentum oder das Erbbaurecht innehat, verantwortlich. [...]

Absatz 1 bezieht sich mit der Formulierung „Bei der Errichtung ..." ausschließlich auf die Baumaßnahme sowie deren Vorbereitung. Diese Regelung ist wort- oder sinngemäß in allen Landesbauordnungen – einschließlich der Musterbauordnung – enthalten. Absatz 2 macht Bauherr, Eigentümer bzw. Erbbauberechtige sowie Besitzer allgemein dafür verantwortlich, dass bauliche Anlagen und Grundstücke den baurechtlichen Vorschriften entsprechen.

In der Landesbauordnung Niedersachsen findet sich eine ähnliche Formulierung in § 56 („Verantwortlichkeit für den Zustand der Anlagen und Grundstücke"):

Die Eigentümer sind dafür verantwortlich, dass Anlagen und Grundstücke dem öffentlichen Baurecht entsprechen. Erbbauberechtigte treten an die Stelle der Eigentümer. Wer die tatsächliche Gewalt über eine Anlage oder ein Grundstück ausübt, ist neben dem Eigentümer oder Erbbauberechtigten verantwortlich.

In allen anderen Landesbauordnungen sind keine Verantwortlichen für den Zeitraum nach der endgültigen Fertigstellung der baulichen Anlage konkret genannt.

Davon unabhängig gilt jedoch nach allen Landesbauordnungen:

> *Bauliche Anlagen sowie andere Anlagen und Einrichtungen [...] müssen, auch soweit eine bauaufsichtliche Prüfung entfällt, den öffentlich-rechtlichen Vorschriften entsprechen.*[85]

Diese Formulierung bezieht sich nicht auf die Baumaßnahme, sondern auf die bauliche Anlage – auch nach Fertigstellung. Die genannten „öffentlich-rechtlichen Vorschriften" sind jedoch in speziellen Verordnungen geregelt, die zusätzlich zur Landesbauordnung gelten und die jeweils die Personen adressieren, die zur Einhaltung der Vorschriften verpflichtet sind.

In der Landesbauordnung sind beispielsweise Anforderungen an „Feuerungsanlagen, Wärme- und Brennstoffversorgungsanlagen und ortsfeste Verbrennungsmotoren" definiert. Diese gelten, wenn eine solche Anlage in eine bauliche Anlage eingebaut oder geändert wird. Zusätzlich gelten aber zum Beispiel:[86]

- das Bundes-Immissionsschutzgesetz (BImschG),
- verschiedene Bundes-Immissionsschutz-VO (u. a. die 1. BImSchV - Verordnung über kleine und mittlere Feuerungsanlagen),
- das Geräte- und Produktsicherheitsgesetz – GPSG,
- das Energieeinsparungsgesetz (EnEG) und die Energieeinsparungsverordnung (EnEV),
- das Wasserhaushaltsgesetz (WHG),
- das Schornsteinfeger-Handwerksgesetz (SchfHwG) mit der Kehr- und Überprüfungsordnung (KÜO).

In der Kehr- und Überprüfungsordnung (KÜO) ist die Verantwortung und Kontrolle für Abgas- sowie notwendige Verbrennungsluft- und Abluftanlagen zeitlich über die gesamte Nutzungsdauer der Anlage festgelegt. Der Bezirksschornsteinfegermeister hat nach SchfHwG das Recht, Grundstücke und Gebäude zu betreten, um den ordnungsgemäßen Betrieb zu überprüfen. Wird eine Anlage nicht gewartet und entspricht dadurch nicht mehr den gesetzlichen Vorgaben, kann die weitere Nutzung untersagt werden. Zur Instandhaltung bzw. Änderung ist nach § 22 BImSchG der Betreiber verpflichtet.

Ähnliche Beispiele finden sich in verschiedenen Verordnungen, die zu den unterschiedlichsten Zwecken erlassen wurden – bis hin zur „Gefahrenabwehrverordnung gegen das Aufsteigenlassen von ballonartigen Leuchtkörpern (Ballonartige Leuchtkörper-Gefahrenabwehrverordnung – BLKGefAbwVO)". Die Verpflichtung zum Einbau und zum Betrieb von Rauchwarnmeldern ist jedoch ausschließlich in der Landesbauordnung festgelegt.

Die Bauaufsichtsbehörden haben nach der sog. „Bauaufsichtlichen Generalklausel" bei baulichen Anlagen sowie anderen Anlagen und Einrichtungen für die Einhaltung der öffentlich-rechtlichen Vorschriften und der aufgrund dieser Vorschriften erlassenen Anordnungen zu sorgen. Die Landesbauordnungen ermächtigen dazu, die Bauaufsichtsbehörden" auch zum Erlass von nachträglichen Anordnungen, um Anforderungen an rechtmäßig bestehende oder im Bau befindliche Einrichtungen durchzusetzen.[87] Auch hier kann die Anordnung nach endgülti-

---

[85] vgl. § 54 Abs. 2 HBO; in anderen Landesbauordnungen wort- oder sinngleich

[86] vgl. Eiding, Lich: Beck'scher Online-Kommentar Bauordnungsrecht Hessen, Spannowsky/Eiding (Hrsg.). 4. Edition, Stand: 01.04.2017, Rn. 7 - 25

[87] z. B. in § 53 Abs. 3 HBO oder § 85 LBauO RP

ger Fertigstellung der baulichen Anlage nicht (mehr) gegen die Bauherrschaft gerichtet sein. Die Bauordnungsbehörde handelt hier im Rahmen ihrer Aufgaben zugleich mit Befugnissen von allgemeinen Ordnungsbehörden nach dem Polizei- und Ordnungsbehördengesetz.[88]

Adressaten einer solchen Anordnung sind der Verhaltens- und der Zustandsstörer. „Verhaltensstörer" ist derjenige, dessen Tun oder Unterlassen für die Entstehung des baurechtswidrigen Zustandes ursächlich ist; das ist regelmäßig der Bauherr. „Zustandsstörer" kann der Eigentümer sein sowie diejenigen, die tatsächliche Gewalt über eine störende Sache ausüben (z. B. Mieter).[89] Insofern besteht dadurch die Möglichkeit, auch den Eigentümer und sogar den unmittelbaren Besitzer zur Anpassung der baulichen Anlage an die öffentlich-rechtlichen Vorschriften zu zwingen. Die Anordnung kann z. B. durch Zwangsgeld bis hin zur Versiegelung der Wohnung durchgesetzt werden.

Die Ermächtigung nach der Bauaufsichtlichen Generalklausel gilt allerdings nur bei Vorliegen einer festgestellten „konkreten Gefahr", also einer Sachlage, bei der „im einzelnen Fall die hinreichende Wahrscheinlichkeit besteht, dass in absehbarer Zeit ein Schaden für die öffentliche Sicherheit eintreten wird."[90] Die Bauaufsichtsbehörde kann zum Beispiel die Nutzung einer Wohnung bis zur Herstellung des ordnungsgemäßen Zustands untersagen, wenn der zweite Rettungsweg weder baulich vorhanden ist noch über Rettungsgerät der Feuerwehr hergestellt werden kann. Eine abstrakte Gefahr – wie zum Beispiel die Gefahr, einen Wohnungsbrand nicht ausreichend früh zu bemerken – reicht nicht aus. „Die reine Optimierung zur Gefahrenvorsorge ist kein Anpassungsgrund."[91]

Möglicherweise wäre der bessere Weg gewesen, die Verpflichtung zum Einbau von Rauchwarnmeldern in bestehende Wohnungen durch eine eigenständige Verordnung zu regeln. In dieser hätten – unabhängig von den in der Landesbauordnung genannten am Bau Beteiligten – die Adressaten und Ihre Verpflichtungen klar benannt werden können. Mit Verweis auf das jeweilige Landesgesetz über die öffentliche Sicherheit und Ordnung wäre die zeitliche Bindung an eine Baumaßnahme gelöst worden und auch die Androhung einer Geldbuße bei Zuwiderhandlung möglich gewesen.

Die Diskussion um die Einführung der Rauchwarnmelderpflicht lässt vermuten, dass eine eigenständige Verordnung allerdings in den meisten Landesparlamenten keine Mehrheit gefunden hätte. Unter dem Motto „Deregulierung" und „verwaltungsschlanke Regelung" wurde offenbar mit der Regelung der Rauchwarnmelderpflicht in der Landesbauordnung der kleinste gemeinsame Nenner gefunden.

---

[88] vgl. § 59 Abs. 2 LBauO RP

[89] Einding, Heck: Beck'scher Online-Kommentar Bauordnungsrecht Hessen, Spannowsky/ Eiding (Hrsg.), HBO § 33 Rn. 36-38

[90] vgl. Hornmann, G. (2011): Hessische Bauordnung. (HBO); Kommentar. 2. Aufl. München: C. H. Beck, Rn. 111

[91] ebd.

4.3.3   Kontrolle der Umsetzung

Während der parlamentarischen Aussprachen in den Gesetzgebungsverfahren der Länder wurde vielfach betont, dass weder der Einbau noch der Betrieb der Rauchwarnmelder von staatlicher Seite kontrolliert werden. Im Kommentar zur LBauO RP heißt es dazu: „Besondere Angaben über Rauchwarnmelder in Bauunterlagen im Rahmen von Baugenehmigungsverfahren oder im Freistellungsverfahren sind in der Regel nicht erforderlich. Es ist grundsätzlich Sache der nach § 54 LBauO verantwortlichen Personen, im Rahmen ihres jeweiligen Wirkungskreises für einen fachgerechten Einbau und ordnungsgemäßen Betrieb der Rauchwarnmelder zu sorgen."[92]

Die Schornsteinfeger-Innungen hegten anfangs die Hoffnung, mit der Überprüfung der Rauchwarnmelder beauftragt zu werden, ähnlich wie das bei Feuerstätten der Fall ist. Bislang hat jedoch kein Bundesland eine regelmäßige Kontrolle des Einbaus oder der Wartung von Rauchwarnmeldern vorgesehen.

Die Behörden müssen allerdings grundsätzlich tätig werden, wenn ihnen ein Verstoß gegen ein geltendes Gesetz zur Anzeige gebracht wird. Ein Mieter kann zum Beispiel das Fehlen von Rauchwarnmeldern in seiner Wohnung, für dessen Einbau der Eigentümer zuständig ist, bei der Bauaufsichtsbehörde anzeigen. Diese kann dann auf Grundlage des allgemeinen Polizei- und Ordnungsrechts die Beseitigung des Mangels anordnen. In der Regel wird nach Kenntnis eines den materiell-rechtlichen Vorgaben der Landesbauordnung widersprechenden Zustandes an einem bestehenden (endgültig fertiggestellten) Gebäude der Eigentümer von der Bauaufsichtsbehörde zu einer Stellungnahme aufgefordert. Diese Stellungnahme beschreibt den Mangel und die gesetzliche Grundlage. Die meisten Eigentümer – vor allem, wenn sie sich des Mangels gar nicht bewusst waren – werden diesen beheben und dies in der angeforderten Stellungnahme mitteilen. Sollte bis zur gesetzten Frist keine Stellungnahme vorliegen, könnte eine Ortsbesichtigung durch die Bauaufsichtsbehörde durchgeführt und – bei Feststellung des Mangels – das Zwangsverfahren gegen den Eigentümer eingeleitet werden.[93]

Lediglich in der Landesbauordnung Mecklenburg-Vorpommern ist explizit eine Ordnungswidrigkeit im Zusammenhang mit dem Einbau von Rauchwarnmeldern genannt. In § 84 Abs. 1 LBO M-V („Ordnungswidrigkeiten") heißt es:

> *Ordnungswidrig handelt, wer vorsätzlich oder fahrlässig [...] der Vorschrift des § 48 Absatz 4[94] zuwiderhandelt.*

Unabhängig von baurechtlichen Verfahren wird spätestens beim Eintreten eines Schadensereignisses mit Verletzten oder Todesopfern durch die Strafverfolgungsbehörden geprüft, ob die öffentlich-rechtlichen Vorgaben erfüllt und in diesem Zusammenhang auch, ob Rauchwarnmelder eingebaut wurden und ob das Fehlen dieser zum Schadensausmaß beigetragen hat.

---

[92] Wieseler, H.; Teuchert, C.; Zajonz, S. (2016): Landesbauordnung Rheinland-Pfalz. Fassung 2015 mit Erläuterungen. 2. Aufl. Stuttgart: Kohlhammer Deutscher Gemeindeverl. (Kommunale Schriften für Rheinland-Pfalz).

[93] laut Auskunft des „Fachdienst Bauordnungsrecht" des Lahn-Dill-Kreises (Hessen) vom 29.05.2017

[94] Text § 48 Absatz 4 LBO M-V siehe Anhang 1

4.4 Anwendungsnorm DIN 14676

Im August 2006 wurde durch den Normenausschuss Feuerwehrwesen (FNFW) im DIN eine Anwendungsnorm mit Empfehlungen zum Einbau, Betrieb und Instandhaltung von Rauchwarnmeldern in Wohnhäusern, Wohnungen und Räumen mit wohnungsähnlicher Nutzung herausgegeben.

Die nationale Norm DIN 14676 liegt aktuell in der überarbeiteten Fassung vom September 2012 vor und richtet sich an die für den Brandschutz zuständigen Behörden, Feuerwehren, Hersteller von Rauchwarnmeldern, Planer, Architekten, Bauherren, Eigentümer und Bewohner.

Im Gegensatz zur Europäischen Produktnorm EN 14604 hat die nur in Deutschland geltende Anwendungsnorm DIN 14676 keinen Gesetzescharakter.[95] Sie beschreibt lediglich den „Stand der Technik" auf Basis langjähriger Erfahrungen. Die Landesbauordnungen verweisen nicht explizit auf die DIN 14676, übernehmen aber meist die Empfehlungen in Bezug auf die Räume, die mit Rauchwarnmeldern ausgerüstet werden müssen.[96]

Die Norm enthält auch Qualifikationsanforderungen an Dienstleister, die Rauchwarnmelder für Dritte einbauen oder warten. Dazu heißt es im Abschnitt 7: „Es wird empfohlen, Dienstleister mit Fachkräften für Rauchwarnmelder für Planung, Einbau und Instandhaltung zu beauftragen."[97] Das ist so zu verstehen, dass Eigentümer, die die Rauchwarnmelder in ihren eigenen oder vermieteten Wohnungen nicht selbst einbauen, einen Dienstleister beauftragen sollten, der entsprechend qualifiziert ist. Eine entsprechende Sorgfaltspflicht bei der Beauftragung eines Dritten ergibt sich jedoch bereits aus § 831 BGB.

Eine gesetzliche Verpflichtung, den Einbau oder die Instandhaltung ausschließlich von nach DIN 14676 qualifizierten Fachkräften[98] vornehmen zu lassen, besteht nicht. Eigentümer können vor allem die Nachrüstung bestehender Wohnungen selbst durchführen.[99] Alle dazu erforderlichen Informationen sind abschließend in der Betriebs- und Montageanleitung dargestellt, die dem Rauchwarnmelder beigefügt ist.[100]

Ähnliches gilt für die Instandhaltung. In der Anwendungsnorm für Rauchwarnmelder ist ausgeführt, dass „die Rauchwarnmelder nach Herstellerangaben, jedoch mindestens einmal im Abstand von 12 Monaten, mit einer Schwankungsbreite von höchstens ± 3 Monaten einer Inspek-tion, Wartung und Funktionsprüfung der Warnsignale zu unterziehen sind".[101] Auch dies ist als Empfehlung zu verstehen und keine gesetzliche Pflicht.

---

[95] Die Europäische Bauproduktenverordnung schreibt die Anwendung der Harmonisierten Europäischen Norm EN 14604:2005 für das Bauprodukt Rauchwarnmelder in allen Mitgliedstaaten verbindlich vor.

[96] vgl. Inderthal, L. (2017): Fachkraft für Rauchwarnmelder. Praxiswissen und Prüfungsvorbereitung. 3. Aufl. Wiesbaden: Springer Vieweg. S. 25

[97] DIN 14676:2012, Abschn. 7, Nachweis der Fachkompetenz für Dienstleistungserbringer

[98] in der Norm als „Fachkraft für Rauchwarnmelder" bezeichnet

[99] Vom Eigentümer einer selbstgenutzten Wohnung kann schwerlich der Erwerb einer Norm für mehr als 100 Euro verlangt werden, um Geräte einzubauen, die nicht wesentlich mehr kosten.

[100] Die Betriebs- und Montageanleitung wird im Zuge der Zertifizierung nach der Bauproduktenverordnung von der notifizierten Stelle geprüft.

[101] DIN 14676:2012, Abschn. 6.1, Instandhaltung – Allgemeines

5 Pflichten und Obliegenheiten der Beteiligten

Um die verschiedenen Pflichten und Obliegenheiten der Beteiligten zu analysieren, muss neben dem Baurecht auch das Privatrecht und – bei vermieteten Wohnungen – speziell das Mietrecht als Nebenrecht des bürgerlichen Rechts einbezogen werden. Die Pflichten und Obliegenheiten beziehen sich auf den Einbau der Rauchwarnmelder in neuen und in bestehenden Wohnungen sowie auf den Betrieb und die Instandhaltung der Geräte.

Während der Zweiten Lesung zur Gesetzesänderung im Landtag Rheinland-Pfalz vom Juni 2007 hieß es dazu in einem Redebeitrag:

> *Die Pflicht zur Installation von Rauchmeldern in bestehenden Wohnungen trifft grundsätzlich den Eigentümer der baulichen Anlage. Bei der Nachrüstung mit Rauchmeldern handelt es sich daher um eine Instandhaltungsmaßnahme, die grundsätzlich dem Eigentümer der Wohnung obliegt. Sie obliegt deshalb grundsätzlich dem Eigentümer, weil bei einer Vermietung der Wohnung die Pflicht zur Installation des Rauchmelders im Rahmen der mietvertraglichen Vereinbarung auch auf den Mieter wirksam übertragen werden kann. Bei der Installationsverpflichtung des Vermieters handelt es sich neben einer Maßnahme zur Gefahrenabwehr auch um eine Verkehrssicherungspflicht. Er hat dafür zu sorgen, dass der Mieter oder seine Gäste keinen vermeidbaren Schaden erleiden. Er hat zu gewährleisten, dass die Rauchmelder in einem gebrauchs- und funktionsfähigen Zustand sind.*

> *Diese Pflichten können daher wirksam auf den Vermieter übertragen werden. Der Mieter tritt dann in die Verpflichtung ein, und die Pflicht des Vermieters wird zu einer Art Aufsichtspflicht. Er muss sich vergewissern, dass der Mieter die übertragenen Verpflichtungen aktiv übernommen hat und einhält. Hierbei ist die praktische Umsetzung der Aufsichtspflicht des Vermieters problematisch, da er regelmäßig keinen Zugang zu der Mietwohnung hat. Es ist auch zu berücksichtigen, dass die Verkehrssicherungspflicht des Eigentümers neben diejenige des Mieters tritt. Verletzen also beide ihre Verpflichtungen, so besteht eine gesamtschuldnerische Haftung von Vermieter und Mieter.*

> *Auch die haftungsrechtlichen Folgen sind nicht zu unterschätzen. Die Verletzung der gesetzlichen Pflichten durch den jeweils Verpflichteten kann zu einer Haftung gegenüber Dritten führen. Hierbei ist das mietvertragliche Innenverhältnis genauso zu berücksichtigen wie die deliktische Haftung gegenüber Dritten. Insoweit ist klarzustellen, dass ein geschädigter Dritter sowohl den Vermieter als auch denjenigen in Anspruch nehmen kann, der mit der Erfüllung der Verkehrssicherungspflicht beauftragt wurde. Das ist im Regelfall der Mieter. Hierbei ist sicherlich auch darauf zu achten, dass die Pflicht des Vermieters nicht zu einer Gefährdungshaftung ausufert. Der Vermieter darf darauf vertrauen, dass die jeweiligen Mieter ihre eigenen Sicherungspflichten erfüllen.*[102]

---

[102] Abgeordneter Ralf Seekatz, CDU; Landtag Rheinland-Pfalz (Hg.) (2007): Plenarprotokoll 15/26, 15. Wahlperiode, 27. Sitzung, 27.06.2007., S. 1504

© Springer Fachmedien Wiesbaden GmbH, ein Teil von Springer Nature 2018
L. Inderthal, *Rechte und Pflichten beim Einbau und Betrieb von Rauchwarnmeldern*,
https://doi.org/10.1007/978-3-658-21769-3_5

Auch wenn mehrere in dem Redeausschnitt getroffene Aussagen – zumindest aus heutiger
Sicht – unzutreffend sind, wie im weiteren Text der vorliegenden Arbeit erläutert wird, werden
viele der immer noch aktuellen Fragen im Zusammenhang mit dem Einbau von Rauchwarnmeldern gestellt:

- Wer ist für den Einbau verantwortlich?

- Wer ist für dafür verantwortlich, dass die Geräte funktionstauglich sind?

- Können die jeweiligen Verpflichtungen auf andere Personen übertragen werden?

- Wen trifft die Haftung bei schuldhafter Verletzung der gesetzlichen Pflichten?

5.1   Einbau der Rauchwarnmelder

5.1.1   Neubauten und umfangreiche Änderungen

Ohne Frage ist für den Einbau von Rauchwarnmeldern in neugebauten Wohnungen der Bau-
herr zuständig. Alle Landesbauordnungen enthalten die Verpflichtung zum Einbau von
Rauchwarnmeldern in genehmigungsbedürftigen wie auch in nicht genehmigungsbedürftigen
Vorhaben zur Schaffung oder Änderung von Wohnungen. Letzteres ist zum Beispiel die Nut-
zungsänderung (z. B. vorher Gewerbenutzung, jetzt Wohnung), trifft aber auch bei anderen
Maßnahmen zu, wenn der Umbau, der Ausbau oder die Erweiterung zu einer Erhöhung des
Nutzungsmaßes führt.[103] Nicht unter den Begriff der Änderung fallen Sanierungs- und Moder-
nisierungsmaßnahmen, wenn dadurch die Nutzung wie auch die Bausubstanz und die äußere
Gestaltung weitgehend unverändert bleiben. Das trifft zum Beispiel auf alle Arten von Reno-
vierungsarbeiten in der Wohnung zu.

5.1.2   Bestehende bauliche Anlagen

Wie in Kap. 4.2 dargestellt, sind für bestehende Wohnungen[104] nach den Landesbauordnungen
der meisten Bundesländer die Eigentümer der Wohnungen zur Anschaffung und dem fachgerechten Einbau der Rauchwarnmelder verpflichtet. Lediglich Baden-Württemberg verpflichtet
die Eigentümer der Gebäude, was jedoch nur Auswirkungen auf die Vorgehensweise bei der
Nachrüstung in Wohneigentumsgemeinschaften hat.[105]

Die Bauordnungen der Bundesländern Rheinland-Pfalz, Hamburg, Mecklenburg-
Vorpommern[106], Thüringen, Sachsen-Anhalt, Berlin und Brandenburg bestimmen keinen Verantwortlichen für die Ausrüstung bestehender Wohnungen.[107]

„Der Gesetzgeber hat in den genannten Bundesländern darauf verzichtet, die Pflicht allein dem
Eigentümer zuzuordnen. Dahinter steht die Erwartung, dass sich aufgrund der Einführung einer

---

[103] vgl. BVerwG, Urteil vom 10.10.2005, Aktenzeichen 4 B 60.05.

[104] in BW und SN sind auch „Räume, in denen bestimmungsgemäß Personen schlafen" außerhalb von
       Wohnungen betroffen

[105] siehe Fußnote 66 auf Seite 25

[106] bis 15.10.2015 waren die Besitzer für die Nachrüstung verantwortlich, siehe Anm. MV)

[107] Auch in Sachsen ist kein Verantwortlicher bestimmt, allerdings ist hier die Nachrüstung bestehender
       Wohnungen nicht bestimmt. Für den Einbau in neuen Wohnungen ist der Bauherr verantwortlich.

gesetzlichen Pflicht ein Bewusstseinswandel in der Bevölkerung entsteht und verstärkt Rauchwarnmelder eingebaut werden."[108] Demnach muss lediglich am Ende der Übergangsfrist der in der Landesbauordnung beschriebene Zustand hergestellt sein[109], unabhängig davon, wer die Rauchwarnmelder eingebaut hat.

Dieser nachvollziehbaren Auffassung jedoch widerspricht der Bundesgerichtshof. In einem Fall, in dem eine Mieterin in Sachsen-Anhalt ihre gemietete Wohnung bereits mit Rauchwarnmeldern ausgestattet hatte und sich gegen den (zusätzlichen) Einbau von Rauchwarnmeldern durch den Eigentümer wehrt, stellt der BGH fest, dass der „Wohnungsmieter nicht (weiterer) Normadressat des § 47 Abs. 4[110] Landesbauordnung Sachsen-Anhalt" sei. „Eine Mitverpflichtung des Mieters widerspräche auch dem in den Gesetzesmaterialien zum Ausdruck gekommenen Willen des Gesetzgebers."[111] Der BGH verweist auf die Begründung zum Gesetzentwurf der Landesregierung, nach der die Verpflichtung zum Einbau den Bauherrn bzw. den Eigentümer trifft.[112]

Aus dem Urteil muss abgeleitet werden, dass die Beteiligten bei unklarer Formulierung der Adressaten, die Verantwortlichkeiten notfalls aus den Gesetzesvorlagen, Ausschussprotokollen und parlamentarischen Aussprachen extrahieren müssen, um den „Willen des Gesetzgebers" herauszufinden. Wahrscheinlich hat man nicht zuletzt aus diesem Grund in den später in Kraft getretenen Regelungen versucht, die Zuordnung der Verantwortlichkeit zu formulieren.

In Tabelle 5.1 sind die Verantwortlichen für den Einbau von Rauchwarnmeldern in vorhandenen Wohnungen dargestellt. Gelb hinterlegt sind diejenigen Einträge, deren Zuordnung nicht eindeutig aus der Landesbauordnung hervorgeht. In den anschließenden Anmerkungen ist erläutert, auf welcher Grundlage sich die Verantwortlichkeit in diesen Bundesländern ergibt.

---

[108] Wall, D.: Mietrechtliche Probleme beim Einbau von Rauchwarnmeldern. In: Wohnungswirtschaft und Mietrecht (WuM) 2013, S. 3–25. Abschn. III 2. c) aa)

[109] d. h. Rauchwarnmelder müssen in den in der Landesbauordnung genannten Räumen eingebaut und funktionsbereit sein

[110] Text des § 47 Abs. 4 LBO ST siehe Anhang 1

[111] vgl. BGH, Urteil vom 17.06.2015, Aktenzeichen VIII ZR 290/14.

[112] vgl. Landtag von Sachsen-Anhalt (Hg.): Entwurf eines Gesetzes zur Änderung der Bauordnung des Landes Sachsen-Anhalt, Drucksache 5/2017 vom 10.06.2009. Gesetzentwurf der Landesregierung. S. 11f

Tabelle 5.1: Verantwortliche für den Einbau in bestehenden Wohnungen

Bundesland	Verantwortlich	Grundlage
Rheinland-Pfalz	Eigentümer	Anmerkung RP)
Saarland	Eigentümer	§ 46 Abs. 4 LBO
Schleswig-Holstein	Eigentümer	§ 52 Abs. 7 LBO
Hessen	Eigentümer	$ 13 Abs. 5 HBO
Hamburg	(Eigentümer)	Anmerkung HH)
Mecklenburg-Vorp.	Besitzer (bis 15.10.2015)	§ 48 Abs. 4 LBauO M-V, Anm. MV)
Thüringen	Eigentümer	Anmerkung TH)
Sachsen-Anhalt	Eigentümer	Anmerkung ST)
Bremen	Eigentümer	§ 48 Abs. 4 BremLBO
Niedersachsen	Eigentümer	§ 44 Abs. 5 NBauO
Bayern	Eigentümer	Art. 46 Abs. 4 BayBO
Nordrhein-Westfalen	Eigentümer	§ 49 Abs. 7 BauO NRW[113]
Baden-Württemberg	Eigentümer	§ 15 Abs. 7 LBO
Sachsen	entfällt	(keine Nachrüstungspflicht)
Brandenburg	Eigentümer	Anmerkung BB)
Berlin	Eigentümer	Anmerkung BE)

(Anmerkungen siehe folgende Seiten)

---

[113] ab 01.01.2018 wortgleich in § 48 Abs. 8

Anmerkungen:

RP)   Die Landesbauordnung Rheinland-Pfalz bestimmt nicht in dem Absatz zur Rauch-
        warnmelderpflicht (§ 44 Abs. 8), aber in § 54 Abs. 2, dass neben der Bauherrschaft die
        Eigentümerin oder der Eigentümer dafür verantwortlich sind, dass bauliche Anlagen
        sowie Grundstücke den baurechtlichen Vorschriften entsprechen. Daneben stehen aber
        auch die Besitzer in der Verantwortung: „Wer die tatsächliche Gewalt über eine bauli-
        che Anlage oder ein Grundstück ausübt, ist neben der Person, die das Eigentum oder
        das Erbbaurecht innehat, verantwortlich." Die Landesregierung hat dazu in einem
        Rundschreiben klargestellt: „Verantwortlich für den Einbau der Rauchwarnmelder sind
        die Eigentümer der Wohnungen."[114] Diese Klarstellung ist zwar eindeutig, sie wurde
        zwar erst etwa eine Woche vor dem Ende der sechsjährigen Übergangsfrist zur Ausrüs-
        tung bestehender Wohnungen veröffentlicht.

HH)   Der § 45 Abs. 6 der Hamburgischen Bauordnung benennt keinen Verantwortlichen für
        den Einbau von Rauchwarnmeldern in bestehenden Wohnungen. Auch die Begründung
        zum Gesetzentwurf enthält keine Anhaltspunkte, ob mit dem Einbau und dem Betrieb
        die Eigentümer oder Besitzer verpflichtet werden sollen. In der Beratung zur Änderung
        der HBauO wurden die Vertreter des Senats gezielt danach gefragt, warum keine Ver-
        pflichtung der Eigentümer für die Nachrüstung bestehender Wohnungen festgelegt wer-
        den soll. Laut Wortprotokoll der Beratung vom 17.08.2005 berichteten die Senatsvertre-
        ter, dass „die Formulierung gewählt worden sei, um eine länderübergreifende Überein-
        stimmung zu erreichen und wiesen darauf hin, dass es sich um eine Verpflichtung der
        Eigentümer handele, die durch mietvertragliche Regelungen an den Mieter übergehen
        könne. Dies betreffe insbesondere die Wartung der Geräte."[115]

        Das Amtsgericht Hamburg-Blankenese bestätigt in einem Urteil vom Juni 2013, dass
        sich die Hamburgischen Bauordnung, auch bezüglich der Verpflichtung zum Einbau der
        Rauchwarnmelder an den Eigentümer richtet.[116]

        Dem entgegen stellt das Amtsgericht Hamburg-Barmbek in einem früheren Urteil fest,
        dass der Adressat bauordnungsrechtlicher Pflichten zwar grundsätzlich der Bauherr sei.
        „Diesen aber hat die Rechtsvorschrift über die Nachrüstungsverpflichtung des vorhan-
        denen Wohnungsbestandes ersichtlich nicht gemeint. Ob indes der Eigentümer, der
        Vermieter oder der Mieter (oder alle drei) durch die Regelung verpflichtet sind, er-
        schließt sich aus der HBauO nicht. Anders als zum Beispiel für die in
        § 4 Abs. 2 HBauO geregelte Verpflichtung zum Anschluss an das öffentliche Wasser-
        versorgungsnetz, die nach ausdrücklichem Wortlaut der Norm dem Eigentümer obliegt,
        lässt § 45 Abs. 4 Satz 3 HBauO offen, wer die Nachrüstung vornehmen muss. Die
        Norm beschreibt nur einen zu erreichenden Zustand der Wohnung." [117]

        Im weiteren Sinne kann die ebenfalls in § 45 HBauO genannte Anforderung herangezo-
        gen werden: „Jede Wohnung muss eine Küche oder einen Kochplatz haben."[118] Wie in
        Abs. 4 zur Rauchwarnmelderpflicht ist hier nicht angegeben, wer für die Bereitstellung

---

[114]   Rundschreiben des Ministeriums der Finanzen und Ministeriums des Innern, für Sport und Infrastruk-
        tur Rheinland-Pfalz vom 5. März 2012: Rauchwarnmelderpflicht. Stichtag: 12. Juli 2012.
[115]   Bürgerschaft der Freien und Hansestadt Hamburg (Hg.): Drucksache 18/3230, Bericht des Stadtent-
        wicklungsausschusses vom 02.12.2005. S. 111
[116]   vgl. AG Hamburg-Blankenese, Urteil vom 26.06.2013, Aktenzeichen 531 C 125/13.
[117]   vgl. AG Hamburg-Barmbek, Urteil vom 29.11.2011, Aktenzeichen 814 C 125/11.
[118]   § 45 Abs. 1 Satz 1 HBauO

der Küche oder Kochplatzes verantwortlich ist. Sehr wahrscheinlich werden auch in Hamburg viele Wohnungen vermietet, die nicht über eine bereits vermieterseitig eingebaute Küche verfügen. Scheinbar ist hier die Vereinbarung zwischen Vermieter und Mieter bezüglich der Bereitstellung weit weniger schwierig. Das verfestigt die auch vom AG Hamburg-Barmbek vertretene Ansicht, dass die Wohnungen sowohl vom Benutzer wie auch vom Eigentümer mit Rauchwarnmeldern ausgestattet werden können, um den bauordnungsrechtlich geforderten Zustand zu erreichen. Letztlich ist jedoch wahrscheinlich der Eigentümer verantwortlich, wenn der Besitzer die Rauchwarnmelder nicht selbst einbaut. Insbesondere für Eigentümer größerer Wohnungsbestände ist das ein unbefriedigender Zustand, da bei der Planung der Ausstattung mit jedem Mieter geklärt werden muss, ob dieser bereits Rauchwarnmelder eingebaut hat – und ob diese auch tauglich sind.

MV) In der Landesbauordnung Mecklenburg-Vorpommern wurde die Verpflichtung zur Ausrüstung bestehender Wohnungen durch die Besitzer gestrichen.[119] In der Begründung zur Änderung der am 15.10.2015 veröffentlichten Fassung der Landesbauordnung heißt es: „Die Vorschrift des Satzes 3 a.F. [Anm.: „Bestehende Wohnungen sind bis zum 31. Dezember 2009 durch den Besitzer entsprechend auszustatten."] läuft ins Leere, da die Nachrüstpflicht bereits zum 31.Dezember 2009 ausgelaufen ist." Der Gesetzgeber geht offenbar davon aus, dass bereits alle bestehenden Wohnungen mit Rauchwarnmeldern ausgerüstet sind. Um diejenigen Besitzer nicht besserzustellen, die ihrer Verpflichtung noch nicht nachgekommen sind, müsste die Regelung weiterhin gelten. Das ist allerdings nicht festgelegt und träfe auch diejenigen Mieter, die in eine nicht mit Rauchwarnmeldern ausgestattete Wohnung umziehen, beispielsweise, weil die Vormieter ihre eigenen Rauchwarnmelder abmontiert und mitgenommen haben. Sollten durch die Änderung vom Oktober 2015 nunmehr die Eigentümer für die Ausstattung bestehender Wohnungen verantwortlich sein, könnten diese von den Mietern verlangen, deren nach alter Fassung der Bauordnung eigebaute Rauchwarnmelder wieder zu entfernen, um eigene einzubauen.

Der Wille des Gesetzgebers ist bezüglich des Einbaus der Verantwortung für den Einbau der Rauchwarnmelder nicht (mehr) erkennbar. Und auch aus der Rechtsprechung können bisher keine Erkenntnisse abgeleitet werden, die sich auf die neue Fassung des § 48 Abs. 4 LBauO M-V beziehen.

TH) Obwohl die Thüringer Bauordnung mit der Ergänzung der bereits 2008 in Kraft getretenen Rauchwarnmelderpflicht in Neubauten um die Ausrüstung von bestehenden Wohnungen erst 2014 beschlossen wurde, sind im § 48 Abs. 4 ThürBO keine Adressaten für den Einbau oder den Betrieb von Rauchwarnmeldern festgelegt. Aus den Vollzugshinweisen des Ministeriums zur Thüringer Bauordnung kann unter Punkt 48.4.2 entnommen werden: „Verantwortlich für den Einbau und die Wartung von Rauchmeldern sind wie bei allen anderen Anforderungen des Bauordnungsrechts nach § 52 Bauherren bzw. Eigentümer der Wohnungen. Unbenommen bleiben vertragliche Regelungen zwischen

---

[119] Es wurde gelegentlich vermutet, dass der Gesetzgeber in MV möglicherweise den Begriff „Besitzer" unzutreffend verwendet hat und eigentlich „Eigentümer" oder zumindest „mittelbarer Besitzer" gemeint hat. In der Broschüre "Rauchwarnmelder", herausgegeben vom Ministerium für Verkehr, Bau und Landesentwicklung Mecklenburg-Vorpommern vom Juli 2009 wird das zwar klargestellt (Adressat ist der unmittelbare Besitzer), dennoch ist die rechtliche Situation in MV bezüglich der zum Einbau Verpflichteten – insbesondere nach der Änderung vom Oktober 2015 – ungeklärt.

Vermietern und Mietern zur Erhaltung der Betriebsbereitschaft."[120] Laut Vorwort sollen die Vollzugshinweise den Bauaufsichtsbehörden und sonstigen am Bau Beteiligten die Anwendung der Thüringer Bauordnung erleichtern und sind nicht bindend.

ST) In der Begründung zum neuen § 47 Abs. 4 BauO LSA[121] schreibt die Landesregierung Sachsen-Anhalt: „Die Verpflichtung zum Einbau trifft den Bauherrn bzw. Eigentümer."[122] Laut der oben erwähnten Begründung zum Urteil des BVerfG vom 17.06.2015 ist dieser in der Gesetzesbegründung zum Ausdruck gekommene Wille des Gesetzgebers bei der Auslegung zu berücksichtigen.[123]

BB) Im Gesetzentwurf zur Novellierung der Brandenburgischen Bauordnung wird in der Begründung der Rauchwarnmelderpflicht (§ 48 Abs. 4)[124] der Wille des Gesetzgebers mitgeteilt: „Mit Satz 1 werden die Bauherrin oder der Bauherr bzw. die Grundstückseigentümerin oder der Grundstückseigentümer oder die Betreiber öffentlichrechtlich verpflichtet. Da sich die materiellen Anforderungen der Brandenburgischen Bauordnung stets an die Bauherrinnen und Bauherren, die Eigentümerinnen und Eigentümer oder die Betreiberinnen und Betreiber richtet, ist eine ausdrückliche Bezeichnung des Verantwortlichen im Gesetz entbehrlich. So werden zum Beispiel auch bei materiellen Brandschutzanforderungen nicht die Bauherrinnen und Bauherren, die Eigentümerinnen und Eigentümer oder die Betreiberinnen und Betreiber als öffentlich-rechtliche verantwortliche Personen im Gesetz benannt. Es ist unzweifelhaft, an wen sich brandschutzrechtliche Anforderungen – und auch die Einführung der Rauchwarnmelderpflicht – richten."[125]

BE) Etwas kürzer, ansonsten aber nahezu sinngleich zum Gesetzentwurf in Brandenburg wird auch in Berlin die Verantwortlichkeit für den Einbau von Rauchwarnmeldern nur in der Begründung zur Beschlussvorlage über das Dritte Gesetz zur Änderung der Bauordnung für Berlin erwähnt: „Mit Satz 1 werden die Bauherrinnen oder Bauherrn bzw. die Grundstückseigentümerinnen oder Grundstückseigentümer für die Ausstattung bzw. Installation von Rauchwarnmeldern bei Wohnungsneubauten verpflichtet. Zur Ausstattung bzw. Installation gehört auch, dass die Rauchwarnmelder ordnungsgemäß in Betrieb genommen werden."[126]

---

[120] VollzBekThürBO - Bekanntmachung des Ministeriums für Bau, Landesentwicklung und Verkehr zum Vollzug der Thüringer Bauordnung vom 3. April 2014. S. 31

[121] Text des § 47 Abs. 4 LBO ST siehe Anhang 1

[122] Landtag von Sachsen-Anhalt (Hg.): Entwurf eines Gesetzes zur Änderung der Bauordnung des Landes Sachsen-Anhalt, Drucksache 5/2017 vom 10.06.2009. Gesetzentwurf der Landesregierung. S. 11f

[123] vgl. BGH, Urteil vom 17.06.2015, Aktenzeichen VIII ZR 290/14.

[124] Text des § 48 Abs. 4 BbgBO siehe Anhang 1

[125] Landtag Brandenburg (Hg.): Gesetz zur Novellierung der Brandenburgischen Bauordnung und zur Änderung des Landesimmissionsschutzgesetzes. Gesetzentwurf der Landesregierung, Drucksache 6/3268 vom 28.12.2015. S. 70

[126] Abgeordnetenhaus Berlin (Hg.): Drittes Gesetz zur Änderung der Bauordnung für Berlin. Vorlage zur Beschlussfassung, Drucksache 17/2713 vom 09.02.2016. S. 61

5.2 Betrieb der Rauchwarnmelder

In den Bauordnungen aller Bundesländer wird nahezu wortgleich gefordert: „Die Rauchwarnmelder müssen so eingebaut oder angebracht und betrieben werden, dass Brandrauch frühzeitig erkannt und gemeldet wird."[127] Der Landesgeber verlangt also unmissverständlich, dass die Rauchwarnmelder betrieben werden – und zwar so, dass die ihre Aufgabe erfüllen können. In einigen Landesbauordnungen wird in diesem Zusammenhang der Ausdruck „Sicherstellung der Betriebsbereitschaft"[128] benutzt.

Diskutiert wird im Zusammenhang mit dem Betrieb der Rauchwarnmelder auch die Verkehrssicherungspflicht des Vermieters, bei der auf Grundlage des § 823 BGB derjenige, der eine Gefahrenquelle schafft oder betreibt zur Vermeidung von Schäden alle erforderlichen Maßnahmen treffen muss. Hier ist jedoch zu erwidern, dass der Vermieter durch den Einbau von Rauchwarnmeldern keine Gefahrenquelle schafft. Die Gefahr eines Brandes in der vermieteten Wohnung bestand vielmehr auch schon vor der bauordnungsrechtlichen Verpflichtung zum Einbau von Rauchwarnmeldern.

Darüber hinaus trifft den Vermieter für Anlagen innerhalb von vermieteten Räumen die Verkehrssicherungspflicht nicht. Denn grundsätzlich gilt, dass dem Vermieter nur die Verkehrssicherungspflicht hinsichtlich des Außenbereichs und der Zugänge zur Mietsache obliegt. „Zeigt sich ein Mangel innerhalb der Mietsache, so geht die Verantwortung erst nach der Mangelanzeige [durch den Mieter] auf den Vermieter über. Ohne konkreten Anlass ist der Vermieter nicht zur Untersuchung der im ausschließlichen Besitz des Mieters befindlichen Räume und Flächen verpflichtet."[129]

Ebenfalls unabhängig von bauordnungsrechtlichen Vorgaben ist die Verpflichtung des Mieters nach § 536c BGB, die während der Mietzeit auftretenden Mängel dem Vermieter anzuzeigen. Das dürfte auch für die vorhandenen Rauchwarnmelder gelten. Falls ein Rauchwarnmelder mit Fehlfunktion diese nicht ohnehin durch optische oder akustische Signale anzeigt, könnte die Pflicht zur Mangelanzeige so ausgelegt werden, dass der Mieter die nach Herstelleranweisung vorgesehene Prüfung der Funktionsbereitschaft (Betätigung der Testeinrichtung durch Knopfdruck) regelmäßig durchführen und den Vermieter im Falle eines Defekts in Kenntnis setzen muss.

In vermieteten Wohnungen ist es für den Eigentümer in der Praxis nahezu unmöglich, die Betriebsbereitschaft der Rauchwarnmelder selbst sicherzustellen. Dem Vermieter steht kein allgemeines Recht zu, die Räume des Mieters nach eigenem Ermessen zu betreten. Vielmehr muss er einen Betretungswunsch mehrere Tage vorher mit dem Mieter vereinbaren und dabei auf die Belange des Mieters (z. B. Berufstätigkeit, Urlaub usw.) Rücksicht nehmen. Eine Überprüfung der Wohnung ohne speziellen Grund kann (nach Terminabsprache mit dem Mieter) alle zwei Jahre erfolgen. In anderen Fällen muss ein konkreter sachlicher Grund für die Betretung vorliegen. Lediglich zur Gefahrenabwehr darf der Vermieter die Räume des Mieters ohne Ankündigung betreten.[130]

---

[127] siehe Tabelle 4.2 auf Seite 26
[128] dazu erforderliche Maßnahmen siehe Begriffserklärung auf Seite 7
[129] Blank, H.; Börstinghaus, U. (2017): Miete. Kommentar. 5., völlig neubearbeitete Auflage: C. H. Beck (Beck-online). BGB § 535 Rn. 355
[130] Hannemann, T.; Achenbach, B. (2014): Münchener Anwalts-Handbuch Mietrecht. 4. überarb. und erw. Aufl. München: C. H. Beck (Beck-online). Teil A. Wohnraummiete 6. Abschnitt. Mietgebrauch § 15 Allgemeine Gebrauchsrechte und -pflichten, Hausordnung und Zutrittsrechte Rn. 129 - 155

Auch wenn die „Überprüfung der Rauchwarnmelder" ein sachlicher Grund ist, die vermietete Wohnung betreten zu wollen, muss der Vermieter seinen Besuch mehrere Tage vorher nach Möglichkeit schriftlich ankündigen. Das macht es für den Vermieter unmöglich, den Zustand der Geräte ständig zu überwachen. Bestenfalls kann er die Geräte einer jährlichen „Inspektion und Wartung" unterziehen – dadurch ist die Betriebsbereitschaft aber nicht durchgängig sichergestellt. Ein Mieter, der beispielsweise – aus welchen Gründen auch immer[131] – keine Rauchwarnmelder in seiner Wohnung haben möchte, könnte diese nach dem Einbau durch den Eigentümer wieder entfernen und erst unmittelbar vor dem angekündigten Besichtigungstermin wieder anbringen. Es liegt auf der Hand, dass die Betriebsbereitschaft bei den in der Schublade liegenden Geräten nicht gegeben ist.

Letztlich sind hauptsächlich die Bewohner im Falle eines Brandes die Geschädigten, wenn sie nicht ausreichend früh die Wohnung verlassen können und deshalb durch Feuer oder Rauch verletzt werden oder gar umkommen. Den Gebäudeschaden ersetzt regelmäßig die Gebäudeversicherung.

Mit den Erfahrungen bei der Umsetzung der Rauchwarnmelderpflicht in anderen Bundesländern und den dort aufgetretenen Schwierigkeiten, die Betriebsbereitschaft der Rauchwarnmelder von Personen sicherstellen zu wollen, die nicht einen ständigen Zugriff auf die Geräte haben, wurde in den später in Kraft getretenen Bestimmungen zur Rauchwarnmelderpflicht die „Sicherstellung der Betriebsbereitschaft" in die Verantwortung der unmittelbaren Besitzer gelegt:[132]

> *Die Sicherstellung der Betriebsbereitschaft obliegt den unmittelbaren Besitzern, es sei denn, der Eigentümer übernimmt die Verpflichtung selbst.[133]*

Auch wenn die Adressierung von Mietern in der Landesbauordnung nicht völlig bedenkenlos ist[134], gibt es dazu in der Praxis bisher keine Alternative. Sollte eine solche gefunden werden, kann der Eigentümer die Verpflichtung zur Sicherstellung der Betriebsbereitschaft übernehmen.[135] Das bedingt allerdings die Vereinbarung mit den jeweiligen Mietern.

In Tabelle 5.2 sind die für die Sicherstellung der Betriebsbereitschaft Verantwortlichen nach den Bauordnungen der Bundesländer angegeben. In Bundesländern, die keine Regelung dazu definiert haben, wurde versucht, den Willen des Gesetzgebers aus den Gesetzesmaterialien herauszufiltern. Gelb hinterlegt sind auch hier diejenigen Einträge, deren Zuordnung nicht eindeutig aus der Landesbauordnung hervorgeht. In den anschließenden Anmerkungen ist erläutert, auf welcher Grundlage sich die Verantwortlichkeit in diesen Bundesländern ergibt.

---

[131] Die Bewohner haben eventuell mit Fehlalarmen, die bei einfachen Rauchwarnmeldern häufig vorkommen, schlechte Erfahrungen gemacht oder befürchten, dass beispielsweise durch Rauchen in der Wohnung ein Alarm ausgelöst wird.

[132] Lediglich in einer der zuletzt geänderten Bauordnung für Brandenburg fehlt die Zuordnung der Verantwortlichkeit an die unmittelbaren Besitzer.

[133] Der Wortlaut weicht in einigen Bundesländern ab. Siehe dazu 4.2 ab Seite 22

[134] siehe 4.3.2 ab Seite 30

[135] In NW konnten Eigentümer die Sicherstellung der Betriebsbereitschaft nur übernehmen, wenn dies vor Inkrafttreten der Rauchwarnmelderpflicht vereinbart wurde.

Tabelle 5.2: Verantwortliche für die Sicherstellung der Betriebsbereitschaft

Bundesland	Verantwortlich	Grundlage
Rheinland-Pfalz	Eigentümer	Anmerkung RP)
Saarland	unmittelbare Besitzer	§ 46 Abs. 4 LBO
Schleswig-Holstein	unmittelbare Besitzer	§ 52 Abs. 7 LBO
Hessen	unmittelbare Besitzer	$ 13 Abs. 5 HBO
Hamburg	(Eigentümer)	Anmerkung HH)
Mecklenburg-Vorp.	(unmittelbare Besitzer)	Anmerkung MV)
Thüringen	Eigentümer	Anmerkung TH)
Sachsen-Anhalt	Eigentümer	Anmerkung ST)
Bremen	unmittelbare Besitzer	§ 48 Abs. 4 BremLBO
Niedersachsen	unmittelbare Besitzer [136]	§ 44 Abs. 5 NBauO
Bayern	unmittelbare Besitzer	Art. 46 Abs. 4 BayBO
Nordrhein-Westfalen	unmittelbare Besitzer	§ 49 Abs. 7 BauO NRW[137]
Baden-Württemberg	unmittelbare Besitzer	§ 15 Abs. 7 LBO
Sachsen	unmittelbare Besitzer	§ 47 Abs. 4 SächsBO
Brandenburg	Eigentümer	Anmerkung BB)
Berlin	unmittelbare Besitzer [138]	§ 48 Abs. 4 BauO Bln

(Anmerkungen siehe folgende Seiten)

---

[136] genauer Wortlaut: Mieterinnen und Mieter, Pächterinnen und Pächter, sonstige Nutzungsberechtigte oder andere Personen, die die tatsächliche Gewalt über die Wohnung ausüben

[137] ab 01.01.2018 wortgleich in § 48 Abs. 8

[138] genauer Wortlaut: Mieter oder sonstige Nutzungsberechtigte

Anmerkungen:

RP) Weder in der Begründung zum Gesetzentwurf 2003 (Rauchwarnmelder nur in Neubauten) noch in der Begründung zum Gesetzentwurf 2007 (Erweiterung auf bestehende Wohnungen) werden die Verantwortlichen für den Betrieb der Rauchwarnmelder genannt. Lediglich in dem bereits erwähnten Rundschreiben wird dazu klargestellt: „Verantwortlich für den Einbau der Rauchwarnmelder sind die Eigentümer der Wohnungen. Sie sind auch für die Wirksamkeit und Betriebssicherheit der Melder verantwortlich, die durch wiederkehrende Prüfungen und regelmäßige Instandsetzungen zu gewährleisten sind (Vorgaben und Hinweise hierzu siehe Bedienungsanleitung des Geräts). Eine Übertragung dieser Aufgaben auf die Wohnungsnutzer (Mieter) müsste vertraglich vereinbart werden."[139]

HH) Aus den Gesetzesmaterialien zur Einführung der Rauchwarnmelderpflicht in Hamburg geht nicht hervor, wer für den Betrieb der Geräte verantwortlich ist. Aus den Anmerkungen in den zur Rauchwarnmelderpflicht in Hamburg genannten Urteilen kann geschlossen werden, dass die Eigentümer zumindest zu einer jährlichen Inspektion und Wartung verpflichtet sind, wenn sie die Rauchwarnmelder eingebaut haben. Wurden die Rauchwarnmelder von den Mietern eingebaut, sind diese auch für den Betrieb verantwortlich. Die Betriebsbereitschaft tatsächlich sicherstellen können jedoch unabhängig davon aus o. g. Gründen auch in Hamburg nur die unmittelbaren Besitzer.

MV) Unstreitig dürfte sein, dass die unmittelbaren Besitzer, die bis zur Gesetzesänderung im Oktober 2015 zum Einbau verpflichtet waren, die Rauchwarnmelder auch in betriebsbereitem Zustand erhalten müssen. Für Geräte, die der Eigentümer eingebaut hat, muss dieser nach vorherrschender Meinung[140] auch zumindest eine jährliche Inspektion und Wartung durchführen, wenn nichts anderes geregelt ist.

TH) Aus den laut Vorwort nicht bindenden Vollzugshinweisen des Ministeriums zur Thüringer Bauordnung kann unter Punkt 48.4.2 entnommen werden: „Verantwortlich für den Einbau und die Wartung von Rauchmeldern sind wie bei allen anderen Anforderungen des Bauordnungsrechts nach § 52 [ThürBO] die Bauherren bzw. Eigentümer der Wohnungen. Unbenommen bleiben vertragliche Regelungen zwischen Vermietern und Mietern zur Erhaltung der Betriebsbereitschaft."[141] Wie oben erläutert, ersetzt die Wartung jedoch nicht vollständig die Sicherstellung der Betriebsbereitschaft.

ST) Die Begründung zum Gesetzentwurf der Rauchwarnmelderpflicht in Sachsen-Anhalt enthält keine Hinweise auf den Willen des Gesetzgebers bezüglich der Sicherstellung der Betriebsbereitschaft. Im oben bereits erwähnten Urteil des BGH, nach dem für die Einhaltung bauordnungsrechtlicher Vorschriften grundsätzlich der Bauherr zuständig sei, heißt es: „Dies betreffe auch laufende Instandhaltungen und Veränderungen aufgrund von (gesetzlichen) Auflagen. Der Mieter sei umgekehrt nicht Normadressat, weil er lediglich die Nutzungsberechtigung an einer den Vorschriften entsprechenden Wohnung habe.

---

[139] Rundschreiben des Ministeriums der Finanzen und Ministeriums des Innern, für Sport und Infrastruktur Rheinland-Pfalz vom 5. März 2012: Rauchwarnmelderpflicht. Stichtag: 12. Juli 2012.

[140] vgl. Wall, D.: Mietrechtliche Probleme beim Einbau von Rauchwarnmeldern. In: Wohnungswirtschaft und Mietrecht (WuM) 2013, S. 3–25. Abschn. III 3. c)

[141] VollzBekThürBO - Bekanntmachung des Ministeriums für Bau, Landesentwicklung und Verkehr zum Vollzug der Thüringer Bauordnung vom 3. April 2014. S. 31

Zudem habe auch ohne ausdrückliche Bestimmung selbstverständlich (nur) der Gebäudeeigentümer die sonstigen Brandschutzbestimmungen einzuhalten (§§ 32 ff. BauO LSA)."[142]

BB) In der Begründung des Gesetzentwurfs zur Novellierung der Brandenburgischen Bauordnung wird eindeutig klargestellt, dass sich die materiellen Anforderungen der Brandenburgischen Bauordnung stets an die Bauherrinnen und Bauherren, die Eigentümerinnen und Eigentümer oder die Betreiberinnen und Betreiber richtet. „Eine Übertragung der Rauchwarnmelderpflicht auf den Mieter wurde geprüft, aber verworfen. Eine solche Übertragung würde der Systematik der Brandenburgischen Bauordnung widersprechen, weil insoweit am Baugeschehen unbeteiligte Dritte in Anspruch genommen würden. Zu der neu geregelten öffentlich-rechtlichen Verpflichtung gehört der Einbau, die Installation, die ordnungsgemäße Inbetriebnahme sowie die ordnungsgemäße Wartung der Rauchwarnmelder. Eine etwaige privatrechtliche Übertragung dieser Verpflichtung auf die Mieter befreit die Ordnungspflichtigen nicht von ihrer öffentlich-rechtlichen Verpflichtung."[143]

Diese Begründung bestätigt zwar die oben angestellten Überlegungen zur Verpflichtung von Eigentümern und Besitzern[144], löst aber für die Praxis nicht das Problem, dass kein anderer als der unmittelbare Besitzer die Betriebsbereitschaft tatsächlich sicherstellen kann.

5.3   Selbstgenutzter Wohnraum

In Deutschland werden etwa 45,5 Prozent der Wohnungen von den Eigentümern bewohnt.[145] Die „Eigenbesitzer" trifft sowohl die Verpflichtung zur Ausstattung der Wohnung mit Rauchwarnmelder bis spätestens zum Ablauf der Übergangsfrist im jeweiligen Bundesland als auch die Verpflichtung zum Betrieb der Geräte. Die Eigentümer schützen durch den Einbau und Betrieb der Rauchwarnmelder sich selbst, ihre Familie sowie Besucher. Eine Kontrolle, ob die Geräte fachgerecht eingebaut und funktionsfähig sind, ist in keinem Bundesland vorgesehen.

Die Zuweisung der Verantwortung für die „Sicherstellung der Betriebsbereitschaft" ist hier nicht erforderlich, da mit der Regelung „Rauchwarnmelder müssen eingebaut und betrieben werden" bereits alle Anforderungen an den Eigenbesitzer formuliert sind.

5.4   Wohnungseigentümergemeinschaft (WEG)

Problematisch gestaltet sich die Umsetzung der Rauchwarnmelderpflicht offenbar in Wohnungseigentümergemeinschaften. In verschiedenen Gerichtsverfahren wurde darum gestritten, ob die Rauchwarnmelder Gemeinschaftseigentum oder Sondereigentum seien und ob somit für den Einbau und den Betrieb die Gemeinschaft als Ganzes für alle Wohnungen oder jeder einzelne Eigentümer nur für seine eigenen Wohnungen verantwortlich sei.

---

[142] BGH, Urteil vom 17.06.2015, Aktenzeichen VIII ZR 290/14.

[143] Landtag Brandenburg (Hg.): Gesetz zur Novellierung der Brandenburgischen Bauordnung und zur Änderung des Landesimmissionsschutzgesetzes. Gesetzentwurf der Landesregierung, Drucksache 6/3268 vom 28.12.2015. S. 70

[144] siehe 4.3.2 ab Seite 30

[145] Statistisches Bundesamt, Wiesbaden (2016): Gebäude und Wohnungen. Bestand an Wohnungen und Wohngebäuden 1969 - 2015.

Zum Streit kam es meistens, wenn die Eigentümergemeinschaft – meist auf Grund fehlender Informationen – den Einbau und die Wartung durch einen vom Verwalter beauftragten Dienstleister beschlossen hat. Einzelne Wohnungseigentümer, die entweder bereits selbst in ihren Wohnungen Rauchwarnmelder eingebaut hatten oder nicht bereit waren, die Kosten der Instandhaltung durch einen Dienstleister zu tragen, wehrten sich gegen den Mehrheitsbeschluss. In Prozessen vor verschiedenen Amts- und Landgerichten wurde seitens der Eigentümergemeinschaften oftmals unzutreffend angeführt, dass die Rauchwarnmelder nicht nur dem Schutz der einzelnen Wohnung dienen, sondern das Gebäude als Ganzes und somit auch die Wohnungen der anderen Eigentümer schützen. Außerdem wäre der Sachversicherungsschutz gefährdet, wenn einzelne Wohnungseigentümer ihrer Verpflichtung nicht nachkämen.

Der BGH hat 2013 dazu festgestellt, dass die Eigentümergemeinschaft für den Einbau wie auch die Instandhaltung für alle Wohnungen der Gemeinschaft beschließen darf.[146] Dies allerdings nur, wenn die Verpflichtung sämtliche Wohnungseigentümer gleichermaßen trifft. Sobald zu einer Eigentümergemeinschaft auch Teileigentum gehört (z. B. ein Stellplatz, der zwar einem Eigentümer, nicht aber einer Wohnung zugeordnet ist) besteht die „geborene Wahrnehmungskompetenz" der Eigentümergemeinschaft nicht mehr. Zuständig sind dann die einzelnen Wohnungseigentümer. Diesen bleibt es jedoch unbenommen, von ihrem Zugriffsermessen nach WoEigG Gebrauch zu machen und den Einbau und die Instandhaltung der Rauchwarnmelder gemeinschaftlich zu beschließen und durch den Verwalter umsetzen zu lassen.[147]

Die aufgrund eines solchen Beschlusses eingebauten Rauchwarnmelder stehen nicht im Sondereigentum. Sie sind entweder als Gemeinschaftseigentum oder als Zubehör zu betrachten. Trifft letzteres zu, stehen die Geräte im Eigentum dessen, der die Anschaffung und Installation veranlasst hat. Das Gericht lässt offen, inwieweit die Eigentümergemeinschaft bei der Beschlussfassung darauf Rücksicht nehmen muss, dass einzelne Eigentümer ihrer Einbaupflicht bereits nachgekommen sind. In der Urteilsbegründung wurde aber auch klargestellt, dass Rauchwarnmelder lediglich die Bewohner einer brennenden Wohnung vor dem Brandrauch schützen soll. Ein Schutz des gesamten Hauses ist schon alleine deshalb nicht vorgesehen, weil in den zum Gemeinschaftseigentum gehörenden Räumen (Treppenraum, Keller usw.) der Einbau von Rauchwarnmeldern nicht vorgeschrieben ist.[148]

Das in Zeitschriften oft verkürzt dargestellte Urteil des BGH ließ in der Folge viele Wohnungseigentümergemeinschaften glauben, sie müssen einen Beschluss zur Ausstattung aller Wohnungen der Gemeinschaft fassen. Das LG Braunschweig nimmt in Urteil vom Februar 2014 auf das BGH-Urteil Bezug und stellt klar, dass daraus nicht ohne Weiteres folgt, ein Beschluss über den Einbau von Rauchwarnmeldern würde grundsätzlich der ordnungsgemäßen Verwaltung entsprechen. „Das [BGH-]Urteil bezieht sich nämlich allein auf die Frage der Beschlusskompetenz der Wohnungseigentümergemeinschaft."[149] Die Wohnungseigentümer dürfen, müssen aber nicht die einheitliche Ausrüstung aller Wohnungen mit Rauchwarnmeldern beschließen. Dem Urteil des LG Braunschweig zufolge entspricht ein Beschluss der Wohnungseigentümergemeinschaft, der nicht darauf Rücksicht nimmt, dass einzelne Woh-

---

[146] vgl. BGH, Urteil vom 08.02.2013, Aktenzeichen V ZR 238/11.

[147] vgl. auch Bayerisches Staatsministerium des Innern, für Bau und Verkehr (Hg.) (o. J.): Rauchwarnmelderpflicht - Fragen und Antworten.

[148] vgl. BGH, Urteil vom 08.02.2013, Aktenzeichen V ZR 238/11.

[149] LG Braunschweig, Urteil vom 07.02.2014, Aktenzeichen 6 S 449/13.

nungseigentümer ihre Eigentumswohnung bereits mit entsprechenden Meldern ausgestattet haben, nicht einer ordentlichen Verwaltung und ist somit ungültig.[150]

5.5   Vermieteter Wohnraum

5.5.1   Einbau und Betrieb

Etwa 22,6 Mio. Wohnungen in Deutschland (54,5 Prozent[151] von insgesamt 41,4 Mio.[152] Wohnungen) werden von Mietern bewohnt.

Nach Art. 74 Abs. 1 Nr. 1 GG fällt das Mietrecht als Nebenrecht zum bürgerlichen Recht unter die konkurrierende Gesetzgebungskompetenz. Ein Landesgesetz ist danach nur gültig, wenn Entsprechendes nicht bereits durch ein Bundesgesetz geregelt ist. Das BGB enthält allerdings in den §§ 535 - 577a BGB detaillierte Vorschriften zum Mietrecht.[153] Insofern muss untersucht werden, ob die Landesgesetzgeber mit der Festlegung, dass die Sicherstellung der Betriebsbereitschaft den unmittelbaren Besitzern obliegt, nicht ihre Gesetzgebungskompetenz überschreiten. In den Landesbauordnungen von Niedersachsen und Berlin werden überdies nicht die unmittelbaren Besitzer, sondern die Mieter direkt adressiert. Dies könnte jedoch als bauordnungsrechtliche Ermessensleitlinie ausgelegt werden. Der Gesetzgeber hat den Begriff ggf. nur zur besseren Verständlichkeit gewählt und möchte damit nicht in das Mietverhältnis eingreifen.[154]

Bei vermieteten Wohnungen hat die Rauchwarnmelderpflicht ohne Zweifel Auswirkungen auf das Mietrecht, die Abgrenzung ist jedoch schwierig. Durch den nach Bauordnungsrecht vorgeschriebenen Einbau der Rauchwarnmelder in bestehenden Wohnungen durch den Eigentümer entsteht beispielsweise nach § 535 Abs. 1 Satz 2 die Verpflichtung des Vermieters zur Umsetzung der geänderten gesetzlichen Vorschrift, die der Mieter wiederum nach § 555a Abs. 1 BGB zu dulden hat. Ist ein Rauchwarnmelder nicht mehr funktionsfähig, muss der Mieter diesen Mangel der Mietsache nach § 536c Abs. 1 BGB unverzüglich dem Vermieter anzeigen – unabhängig von seiner ihm als unmittelbarer Benutzer der Wohnung ggf. nach Landesbauordnung zugewiesenen Verantwortung für die Sicherstellung der Betriebsbereitschaft.

Die vom Landesgesetzgeber nicht näher definierte „Sicherstellung der Betriebsbereitschaft" beinhaltet alle Maßnahmen zur Vermeidung von Betriebsstörungen (dazu gehört zum Beispiel eine regelmäßige Wartung, wenn der Hersteller das in der Betriebsanleitung vorsieht) und zur Wiederherstellung des betriebsbereiten Zustandes nach einer Störung. Der unmittelbare Besitzer müsste demnach bei dem zur Mietsache gehörenden Rauchwarnmelder nicht nur eine leere Batterie austauschen, sondern das Gerät bei Bedarf auch reparieren lassen.

---

[150]   vgl. LG Braunschweig, Urteil vom 07.02.2014, Aktenzeichen 6 S 449/13, sowie LG Karlsruhe, Urteil vom 18.12.2015, Aktenzeichen 11 S 49/15.

[151]   Statistisches Bundesamt, Wiesbaden (2016): Gebäude und Wohnungen. Bestand an Wohnungen und Wohngebäuden 1969 - 2015.

[152]   am 31.12.2015; vgl. Statistisches Bundesamt, Wiesbaden (2016): Gebäude und Wohnungen. Bestand an Wohnungen und Wohngebäuden 1969 - 2015. Abschn. 1.1.3

[153]   vgl. Groth, K.; Helm, M.: Pflicht zum Einbau von Rauchwarnmeldern nach der Änderung der Berliner Bauordnung. In: Das Grundeigentum (15/2016), S. 960f.

[154]   vgl. ebd.

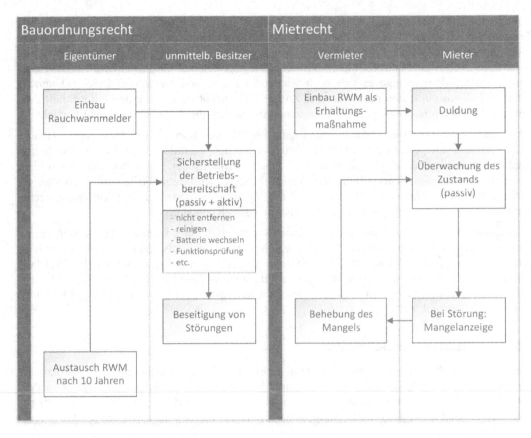

Abb. 5.1: Ablauf nach Bauordnungsrecht und nach Mietrecht

Da dies jedoch dem Mietrecht widersprechen würde, nach dem der Vermieter für die Beseitigung von Mängeln an der Mietsache verantwortlich ist, muss eine praktische Regelung gefunden werden, die beide Rechtsgebiete und deren Wechselwirkungen berücksichtigt. In einer Information des Bayerisches Staatsministerium des Innern, für Bau und Verkehr wird dazu ausgeführt: „Die bauordnungsrechtliche Regelung ist dahingehend auszulegen, dass bei Mietwohnungen zunächst der Mieter als unmittelbarer Besitzer auf die Funktionsfähigkeit und damit die Betriebsbereitschaft der Rauchwarnmelder achten muss. Die Geräte dürfen zum Beispiel nicht von Möbeln und Pflanzen verdeckt, überstrichen oder überklebt werden. Stellt der Mieter fest, dass ein Rauchwarnmelder nicht mehr funktionstüchtig ist, hat er den Vermieter darüber zu informieren."[155]

In vorgenanntem Schreiben sind als Beispiele aufgeführt, dass die Geräte „nicht von Möbeln und Pflanzen verdeckt, überstrichen oder überklebt werden dürfen". Tatsächlich sind es aber noch eine Reihe weiterer Faktoren, die zur Sicherstellung der Betriebsbereitschaft von den Mietern berücksichtigt werden müssen. Sollten die Mieter beispielsweise die Raumnutzung ändern (z. B. das Wohnzimmer als Schlafzimmer nutzen und umgekehrt) ist in dem jetzt als Schlafzimmer

---

[155] Bayerisches Staatsministerium des Innern, für Bau und Verkehr (Hg.) (o. J.): Rauchwarnmelderpflicht - Fragen und Antworten.

genutzten Raum wahrscheinlich kein Rauchwarnmelder eingebaut.[156] Auch wenn der zum Zeitpunkt des Einbaus als Arbeitszimmer genutzte Raum später zum Kinderzimmer wird oder auch dort nur ein Gästebett aufgestellt wird, fehlt in dem Raum jetzt der Rauchwarnmelder. Die Mieter sind nach Mietrecht nicht verpflichtet, dem Vermieter eine geänderte Nutzung der Räume mitzuteilen, solange es sich nach wie vor um eine Wohnnutzung handelt. Dennoch entsteht dadurch ein bauordnungswidriger Zustand. Es ergibt sich also eine Obliegenheit des Mieters, dem Vermieter eine geänderte Nutzung mitzuteilen, die das Mietrecht nicht vorsieht.

Die Sicherstellung der Betriebsbereitschaft geht folglich weit über die rein technischen Handlungen hinaus. Die erforderlichen Maßnahmen muss der Vermieter dem Mieter möglichst detailliert mitteilen, da dieser üblicherweise aus Unkenntnis der Landesbauordnung weder weiß, dass er für die Sicherstellung der Betriebsbereitschaft verantwortlich ist, noch was er konkret zu tun hat. Das ist eine Obliegenheit des Vermieters, die weder im Bauordnungsrecht noch im Mietrecht explizit genannt ist, sich aber aus dem Kontext ergibt.

Es liegt auf der Hand, dass niemand die Betriebsbereitschaft eines Gerätes sicherstellen kann, wenn er nicht die Betriebsanleitung für das Gerät kennt. Zu den Obliegenheiten des Vermieters gehört also auch, dem Mieter eine Betriebsanleitung zur Verfügung zu stellen. Im Idealfall erhält der Mieter eine Einweisung, wie die Prüfeinrichtung bedient wird. Die Mieter können sich so außerdem mit dem Alarmton und dem Quittierungston, der bei einer positiven Prüfung zu hören ist, vertraut machen. [157]

5.5.2 Pflichten der Beteiligten

Um Baurecht und Mietrecht „unter einen Hut zu bringen", ist es unvermeidlich, die Aufgabenverteilung klar zu definieren. In der Abbildung 5.2 ist der Ablauf dargestellt, wie er in der Praxis möglich wäre, um die baurechtliche Anforderungen zu erfüllen. Die blau dargestellten Handlungen sind dabei nach Mietrecht nicht bestimmt und müssen dem Mieter vom Vermieter erklärt werden.

Bei dieser Erklärung handelt es sich nicht um eine Vereinbarung. Es erfolgt dadurch auch keine Übertragung von Pflichten des Vermieters auf den Mieter, denn dazu müssten die Pflichten zunächst dem Vermieter zugeordnet sein. Letzteres steht zumindest in den Bundesländern in Frage, in denen die unmittelbaren Besitzer nach Landesbauordnung für die Sicherstellung der Betriebsbereitschaft verantwortlich sind. Aber auch wenn die Landesbauordnung keine entsprechende Formulierung enthält, trifft den Vermieter nach Mietrecht keine Pflicht zur Sicherstellung der Betriebsbereitschaft von Rauchwarnmeldern in der den vermieteten Räumen; wie in Kap. 5.2 dargestellt, ist er dazu auch gar nicht in der Lage. Es findet also auch in diesem Fall keine Übertragung von Aufgaben statt, deren ordnungsgemäße Erfüllung der Vermieter nach § 831 BGB überwachen müsste. Vielmehr geht es darum, die dem Mieter nach § 536c BGB obliegende Verpflichtung zur Mängelanzeige zu konkretisieren.

Im Anhang 2 ist ein Muster einer möglichen Erklärung dargestellt. Anhang 3 enthält darüber hinaus ein Inbetriebnahmeprotokoll, dessen unterer Teil als Checkliste vom Eigentümer oder Dienstleister nach dem Einbau zusammen mit dem Mieter ausgefüllt und unterzeichnet wird.

---

[156] Die meisten Landesbauordnungen sehen den Einbau von Rauchwarnmeldern lediglich in Schlafräumen, Kinderzimmern und Fluren vor.

[157] In der Praxis sieht das allerdings oft so aus, dass ein Dienstleister sich über einen Aushang am „Schwarzen Brett" ankündigt, zum angegebenen Termin die Rauchwarnmelder einbaut, sich bestenfalls noch den Einbau von den Mietern quittieren lässt und ansonsten schnellstmöglich wieder verschwindet.

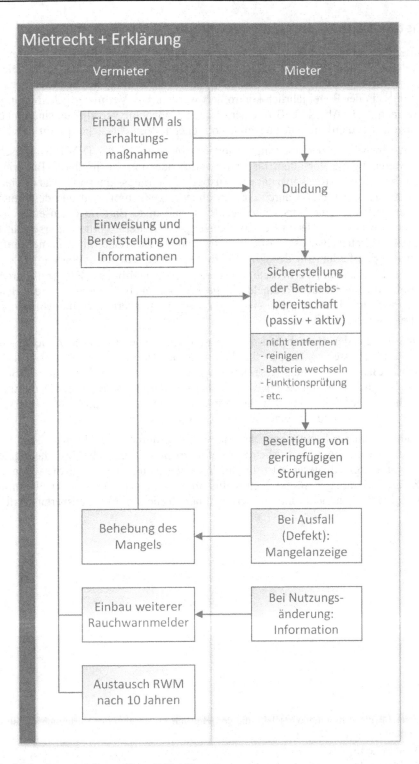

Abb. 5.2: Ablauf nach Mietrecht mit Erklärung

5.5.3 Instandhaltung durch den Vermieter

Viele Vermieter beauftragen einen Dienstleister mit der „Wartung" der Rauchwarnmelder in ihren vermieteten Wohnungen. Insbesondere Messdienstleister[158] bieten eine solche Dienstleistung an, bei der die eingebauten Geräte entweder vor Ort durch einen Servicetechniker oder per Ferninspektion[159] in der Regel jährlich kontrolliert werden. Die Vermieter gehen häufig davon aus, dass sie nach § 535 Abs. 1 BGB zu einer solchen Maßnahme verpflichtet sind und berufen sich dabei unzutreffend auf die ihnen angeblich obliegende Verkehrssicherungspflicht.[160]

Eine jährliche „Inspektion und Wartung", wie sie in Abschnitt 6 der DIN 14676 beschrieben ist, hat ihre Berechtigung vor allem für Rauchwarnmelder mit wechselbarer Batterie. Diese Geräte geben bei geringer Restkapazität ein akustisches Störungssignal aus, was in vielen Fällen dazu führt, dass die Batterie durch die Bewohner abgeklemmt wird und der Rauchwarnmelder – eventuell mit dem Vorsatz, gelegentlich eine neue Batterie einzusetzen – in der Schublade verschwindet. Insofern ist es zweckmäßig, die Batterie vorher zu ersetzen. In dem Umstand, dass der Batteriewechsel insbesondere für ältere Bewohner nicht immer einfach ist, könnte auch die Empfehlung in der DIN 14676 begründet sein, eine Wartung in zeitlichen Intervallen von 12 Monaten (± 3 Monate) durch eine dafür qualifizierte Fachkraft durchführen zu lassen. Bei modernen Rauchwarnmelder dagegen kann auch die qualifizierteste Fachkraft nur die Prüfeinrichtung betätigen. Die eingebaute Langzeit-Batterie kann bei solchen Geräten nicht ausgetauscht werden.

Grundsätzlich gilt für den Betrieb und die Instandhaltung eines technischen Gerätes die Betriebsanleitung des Herstellers. Hier ist für aktuelle Rauchwarnmelder-Modelle mit fest eingebauter 10-Jahres-Batterie neben der Beseitigung von äußerlichen Verschmutzungen (Staub und Spinnweben) lediglich eine regelmäßige Funktionskontrolle durch Betätigen der Prüfeinrichtung vorgesehen. Allerdings variieren die von den Herstellern empfohlenen Intervalle zur Durchführung dieser Prüfung von einer Woche bis zu einem Jahr.

Die durch den Vermieter beauftragte jährliche Wartung durch einen Dienstleister ist weder nach Bauordnungsrecht noch nach Mietrecht gefordert und – zumindest was heutige Rauchwarnmelder mit Langzeitbatterie betrifft – auch technisch nutzlos. Möglicherweise wird es jedoch in Zukunft Geräte geben, die ihren Status online an einen Dienstleister übermitteln, so dass dieser zu jedem Zeitpunkt, und nicht nur einmal jährlich, die Betriebsbereitschaft sicherstellen kann.

---

[158] Dienstleister für die Wohnungswirtschaft, die vornehmlich im Bereich der Verbrauchsmessung und -abrechnung tätig sind
[159] siehe 3.3 auf Seite 15
[160] siehe 5.2 auf Seite 44

5.5.4 Umlegung von Kosten

In der Rechtsprechung wird der Einbau von Rauchwarnmeldern oft als Modernisierungsmaßnahme beurteilt[161], meist mit der Begründung, durch die Rauchwarnmelder würde die Wohnung sicherer, was eine allgemeine Verbesserung der Wohnverhältnisse auf Dauer bedeute.[162]

Entgegengesetzt argumentiert das Amtsgericht Düsseldorf in einem Urteil vom 11.01.2016: „Der nachträgliche Einbau von Rauchwarnmelder in Erfüllung der landesgesetzlichen Anforderungen stellt eine Maßnahme der erstmaligen Herstellung eines ordnungsgemäßen Zustandes und damit eine Instandhaltungs- und Instandsetzungsmaßnahme dar."[163] Eine gemietete Wohnung, die nicht über die vorgeschriebenen Rauchwarnmelder verfügt, weist einen Mangel i. S. von § 536 Abs. 1 Satz 1 BGB auf, weil sie wegen der Bauordnungswidrigkeit nicht bewohnt werden darf.

Die Frage, ob es sich beim Einbau von Rauchwarnmeldern um eine Maßnahme zur Aufrechterhaltung oder Herstellung des vertragsmäßigen Gebrauchs i. S. von § 535 BGB oder um eine Modernisierungsmaßnahme nach § 555b BGB handelt, ist ausschlaggebend dafür, ob die Kosten der Maßnahme nach § 559 BGB (Mieterhöhung nach Modernisierungsmaßnahmen) auf die Kaltmiete umgelegt werden können. Aber selbst wenn eine Umlage in Frage kommt, beträgt die Mieterhöhung nach § 559 BGB Abs. 1 lediglich etwa 10 - 12 Euro pro Jahr für eine durchschnittliche Wohnung.[164]

Weitgehende Einigkeit herrscht in der Rechtsprechung mittlerweile in der Frage, ob Miet- oder Leasingkosten für Rauchwarnmelder als Betriebskosten auf die Mieter umgelegt werden dürfen. Nachdem 2011 das Landgericht Magdeburg dies bejaht hatte[165], hielten es viele Vermieter für eine schlaue Idee, die Rauchwarnmelder nicht zu kaufen, sondern zu mieten oder leasen, und die Miet- bzw. Leasingkosten als Betriebskosten auf die Mieter umzulegen. Entgegengesetzt entschied 2013 das Amtsgericht Hamburg-Wandsbek[166] und in der Folge weitere Gerichte in mehreren Bundesländern.[167]

Die sogenannten „Wartungskosten", die dem Vermieter durch die Beauftragung eines Dienstleisters oder durch Eigenleistung für die jährliche Instandhaltung entstehen, sind zumindest dann nicht als Betriebskosten umlegbar, wenn die Sicherstellung der Betriebsbereitschaft den unmittelbaren Besitzern obliegt und der Mietvertrag keine anderslautende Regelung dazu enthält.[168] Nach Auffassung des Landgericht Hagen (Westfalen) gilt eine Regelung im Mietver-

---

[161] so zum Beispiel: BGH, Urteil vom 17. Juni 2015 – VIII ZR 290/14; AG Köln, Urteil vom 29. April 2015 – 220 C 482/14; AG Zeitz, Urteil vom 25. März 2014 – 4 C 419/13; AG Hamburg-Barmbek, Urteil vom 29. November 2011 – 814 C 125/11; LG Hannover, Beschluss vom 10. November 2010; AG Burgwedel, Urteil vom 01. Juli 2010 – 73 C 251/09; AG Hamburg-Wandsbek, Urteil vom 13. Juni 2008 – 716c C 89/08; AG Lübeck, Urteil vom 5. 11. 2007 - 21 C 1668/07

[162] vgl. § 555b Nr. 5 BGB

[163] AG Düsseldorf, Urteil vom 11.01.2016, Aktenzeichen 290a C 192/15. ebenso: AG Hamburg-Altona, Urteil vom 07.09.2011, Aktenzeichen 316 C 241/11.

[164] Ansatz: 100,- Euro für den Einbau der Rauchwarnmelder (siehe 3.4 auf Seite 17); davon 11 Prozent nach § 559 BGB Abs. 1

[165] LG Magdeburg, Urteil vom 27. 9. 2011, Aktenzeichen 1 S 171/11

[166] AG Hamburg-Wandsbek, Urteil vom 04.12.2013, Aktenzeichen 715 C 283/13

[167] so zum Beispiel: LG Hagen (Westfalen), Urteil vom 04. März 2016 – 1 S 198/15; AG Dortmund, Urteil vom 30. Januar 2017 – 423 C 8482/16;

[168] vgl. AG Hamburg-Altona, Urteil vom 07.09.2011, Aktenzeichen 316 C 241/11.

trag, nach der die Wartungskosten für Rauchwarnmelder als umlegbare Betriebskosten vereinbart werden, jedoch auch dann, wenn die Sicherstellung der Betriebsbereitschaft nicht wie in
der Landesbauordnung als Option vorgesehen ausdrücklich vom Eigentümer durch eine geson-
derten Vereinbarung übernommen wurde.[169]

Für Bundesländer, in denen keine Formulierung in der Landesbauordnung zur Sicherstellung
der Betriebsbereitschaft enthalten ist, liegen diverse Urteile vor, nach denen die Wartungskosten für Rauchwarnmelder als Betriebskosten umgelegt werden dürfen.[170] Das gilt zumindest
dann, wenn im Mietervertrag die „Wartungskosten für Rauchwarnmelder" explizit als Betriebskosten aufgeführt sind oder eine Mehrbelastungsklausel[171] enthalten ist. In den Begrün-
dungen zu den einschlägigen Urteilen nicht berücksichtigt wurde jedoch der Grundsatz, dass
die Verkehrssicherungspflicht des Vermieters Anlagen in der vermieteten Wohnung nicht
umfasst, die Betriebsbereitschaft nicht durch eine jährliche Inspektion und Wartung sichergestellt werden kann und eine jährliche „Inspektion und Wartung" durch eine Fachkraft oder per
Ferninspektion – zumindest bei aktuellen Gerätemodellen mit fest eingebauter Batterie – technisch nutzlos ist.

Falls Rauchwarnmelder mit wechselbarer Batterie eingebaut werden, entstehen zumindest
Kosten für die auszutauschende Batterie selbst[172] – unabhängig von eventuellen Kosten für
eine damit verbundene Dienstleistung. Die „Abnutzung" der Batterie des Rauchwarnmelders
bei vertragsgemäßem Gebrauch hat der Mieter nach § 538 BGB nicht zu vertreten. Das gilt
auch dann, wenn der Mieter nach der Formulierung in der Landesbauordnung für die Sicherstellung der Betriebsbereitschaft verantwortlich sein sollte. Der Mieter muss zwar ggf. eine
neue Batterie beschaffen und einbauen, kann aber die Auslagen zurückverlangen.

---

[169] vgl. LG Hagen - Westfalen, Urteil vom 04.03.2016, Aktenzeichen 1 S 198/15.

[170] so zum Beispiel: LG Magdeburg, Urteil vom 27. September 2011 – 1 S 171/11 (051); AG Lübeck,
Urteil vom 5. 11. 2007 - 21 C 1668/07

[171] z. B. nach Blank/Börstinghaus Miete BGB § 555c Rn. 12-20: „Entstehen nach Vertragsschluss neue
Betriebskosten, die unter Beachtung des Grundsatzes der Wirtschaftlichkeit erforderlich sind, so ist
der Vermieter berechtigt, diese Kosten durch Erklärung in Textform anteilig auf den Mieter umzulegen. In der Erklärung muss der Grund für die Umlage bezeichnet und erläutert werden."

[172] etwa 1 bis 3 Euro für eine 9V-Blockbatterie Alkaline

6 Haftung der Beteiligten

Im Zusammenhang mit dem Einbau und Betrieb von Rauchwarnmeldern haben verschiedene Beteiligte unterschiedliche Pflichten, die sich entweder aus dem Bauordnungsrecht, dem Privatrecht oder aus einer Vereinbarung ergeben und für deren Erfüllung die jeweils Verpflichteten haften.

6.1 Privatrechtliche Konsequenzen

Die Haftung bezeichnet im Allgemeinen die „Verpflichtung zum Schadenersatz" durch diejenigen natürlichen oder juristischen Personen, die für einen eingetretenen Schaden verantwortlich sind. Ein Schadensersatzanspruch kann durch eine Pflichtverletzung aus einem Schuldverhältnis (§ 280 BGB) oder aus einer unerlaubten Handlung (§ 823 BGB) abgeleitet werden. In allen Fällen ist ein „schuldhaftes Verhalten" des in Anspruch Genommenen Voraussetzung dafür, dass gegen ihn Schadensersatzansprüche geltend gemacht werden können.

Art und Umfang des Schadenersatzes sind in § 249 BGB geregelt. Demnach muss „der zum Schadenersatz Verpflichtete den Zustand herstellen, der bestehen würde, wenn der zum Ersatz verpflichtende Umstand nicht eingetreten wäre". Ist dies nicht möglich oder nicht innerhalb einer gesetzten Frist erfolgt, kann der Gläubiger den Ersatz in Geld verlangen.

6.1.1 Bauherren, Eigentümer und Vermieter

Bauherren und Eigentümer sind nach Landesbauordnung verpflichtet, in Wohnungen Rauchwarnmelder einzubauen – bei Neubauten vor der Inbetriebnahme[173], bei bestehenden Wohnungen bis zu einem in der Landesbauordnung angegebenen Datum.[174] Erfolgt der Einbau der Rauchwarnmelder nicht oder nicht fristgerecht, entsteht zunächst kein Schaden. Es liegt lediglich ein bauordnungsrechtwidriger Zustand vor, für den ggf. durch die Behörde ein Bußgeld verhängt oder dessen Abänderung mittels Zwangsmaßnahmen veranlasst werden kann.

Nach § 823 Abs. 2 BGB ist derjenige schadenersatzpflichtig, „welcher gegen ein den Schutz eines anderen bezweckendes Gesetz verstößt." Die Landesbauordnung mit der darin festgelegten Rauchwarnmelderpflicht ist ein solches Schutzgesetz. Die Schadensersatzpflicht könnte also den Eigentümer bzw. Vermieter treffen, wenn dieser die nach Landesbauordnung vorgesehenen Rauchwarnmelder nicht oder nicht fristgerecht einbaut bzw. den Einbau nicht veranlasst hat.

Konkret könnte ein Schaden entstehen,

a) wenn die Bewohner[175] in der Wohnung, in der ein Brand ausbricht, durch diesen verletzt werden oder umkommen;

b) wenn Personen außerhalb der Wohnung, in der ein Brand ausbricht, durch diesen verletzt werden oder umkommen;

c) wenn ein Brand außerhalb einer Wohnung ausbricht und durch diesen die Personen in der Wohnung verletzt werden oder umkommen;

---

[173] regelmäßig mit Einzug der Bewohner
[174] bis auf Sachsen
[175] auch deren Besucher

© Springer Fachmedien Wiesbaden GmbH, ein Teil von Springer Nature 2018
L. Inderthal, *Rechte und Pflichten beim Einbau und Betrieb von Rauchwarnmeldern*,
https://doi.org/10.1007/978-3-658-21769-3_6

d) wenn ein Gebäude oder Inventar durch einen Brand beschädigt wird;

e) wenn die Mieter aufgrund der fehlenden Rauchwarnmelder eine Mietminderung
    geltend machen.

In vorgenannten Fällen a) bis d) könnte der Eigentümer nach § 823 Abs. 2 BGB schadenersatzpflichtig sein. Im Fall a) trifft dies zu, denn die nicht eingebauten Rauchwarnmelder wären dazu
geeignet gewesen, die Bewohner frühzeitig vor dem Brandrauch zu warnen. Auch dann ist allerdings noch zu beweisen, dass der Schaden durch einen vorhandenen und betriebsbereiten Rauchwarnmelder verhindert worden wäre.

Im Fall b) könnten die Bewohner der Wohnung, in dem der Brand ausgebrochen ist, eventuell
durch eine frühzeitige Warnung die Feuerwehr früher alarmieren.[176] Dadurch könnte diese früher
vor Ort sein und den Schaden auch für Personen außerhalb der Wohnung begrenzen. Realistisch
gesehen kann es sich jedoch nur um etwa zwei bis drei Minuten handeln. Das ist der Zeitvorteil,
den der Rauchwarnmelder durch die frühe Erkennung von Brandrauch verschafft, wenn man
davon ausgeht, dass der Rauchwarnmelder nur innerhalb der Wohnung zu hören ist. Wird der
alarmierende Rauchwarnmelder zum Beispiel von den Bewohnern einer benachbarten Wohnung
wahrgenommen, könnten diese sich in Sicherheit bringen und die Feuerwehr rufen. Allerdings
sind die Geräte für eine Alarmierung über die Wohnung hinaus nicht ausgelegt.

Eventuell können die Bewohner in der Wohnung durch den Alarm des Rauchwarnmelders auch
den Brand in einer frühen Phase löschen, so dass die Auswirkungen auf andere Personen in dem
Gebäude ausbleiben. In diesen wie auch in weiteren denkbaren Szenarien werden jedoch lediglich Nebeneffekte genutzt, deren Ausbleiben nicht unbedingt ursächlich auf den fehlenden
Rauchwarnmelder zurückzuführen sind. Bewohner sind zum Beispiel nicht verpflichtet, einen
Brand zu löschen. Dazu muss ohnehin ein geeignetes Löschmittel zur Verfügung stehen und die
Bewohner müssen damit umgehen können. Das Schließen der Wohnungstür nach dem Verlassen
der brennenden Wohnung hat einen wesentlich größeren Effekt auf die Eindämmung des Brandes, als eine um wenige Minuten frühere Alarmierung der Feuerwehr. Ein unmittelbarer Zusammenhang zwischen den fehlenden Rauchwarnmeldern, die ausschließlich zur frühzeitigen Warnung der Personen in der brennenden Wohnung geeignet sind, und der Reduzierung eines Schadens außerhalb dieser Wohnung kann demnach nicht von vornherein angenommen werden.

Ähnlich wie im Fall b) hat auch im Fall c) der bauliche Brandschutz wesentlich größere Auswirkungen auf den Schaden, als die fehlenden Rauchwarnmelder in der Wohnung. Durch die in der
Landesbauordnung vorgesehenen Anforderungen an den Feuerwiderstand der Bauteile und die
Fluchtwege werden die Auswirkungen eines Brandes außerhalb der brennenden Wohnung auf
die Personen in der Wohnung maßgeblich begrenzt. Sollte es außerhalb einer Wohnung brennen,
und dadurch beispielsweise der erste Fluchtweg wegen des dort eingedrungenen Brandrauchs
nicht benutzt werden können, sind die Bewohner in ihrer (nicht brennenden) Wohnung zunächst
nicht gefährdet – unabhängig davon, ob dort Rauchwarnmelder vorhanden sind oder nicht.

---

[176] vgl. BGH in der Begründung zum Urteil vom 08. Februar 2013 (V ZR 238/11): „Regelmäßig ist nämlich zu erwarten, dass Personen, die durch den Alarm eines in ihrer Wohnung angebrachten Rauchwarnmelders auf einen Brand aufmerksam geworden sind und deshalb ihre Wohnung verlassen, unverzüglich die Feuerwehr rufen und zudem vor deren Eintreffen versuchen werden, die übrigen Bewohner
von außen, etwa durch Klingeln oder Rufen, zum Verlassen des Gebäudes zu bewegen."

Im Fall d) sind nur Sachwerte betroffen. Die nach Landesbauordnung einzubauenden Rauchwarnmelder sind jedoch ausschließlich für den Personenschutz geeignet und verfolgen darüber hinaus kein Schutzziel.[177] Rauchwarnmelder alarmieren zudem erst, wenn durch einen Brand der entstehende Rauch in einer bestimmten Intensität festgestellt wird. Einrichtungsgegenstände in der Wohnung sind zu diesem Zeitpunkt durch den Rauch bereits unbrauchbar geworden. Der Schaden hätte also durch vorhandene Rauchwarnmelder nicht verhindert werden können.

Im Fall e) entsteht dem Vermieter ein Schaden, den er aufgrund seines Unterlassens, die nach Landesbauordnung erforderlichen Rauchwarnmelder einzubauen, selbst zu vertreten hat. Ein Dritter ist nur dann geschädigt, wenn Eigentümer und Vermieter nicht identisch sind; den finanziellen Schaden, der dem Vermieter entsteht, muss der Eigentümer in diesem Fall ersetzen.

6.1.2 Mieter

Nach § 536c Abs. 1 BGB hat der Mieter einen Schaden an der Mietsache unverzüglich dem Vermieter anzuzeigen. Das trifft auch auf einen vom Vermieter eingebauten aber nicht (mehr) betriebsbereiten Rauchwarnmelder zu. Unterlässt der Mieter die Anzeige, ist er nach § 536c Abs. 1 BGB dem Vermieter zum Ersatz des daraus entstehenden Schadens verpflichtet. Ob ein schuldhaftes Verhalten des Mieters vorliegt, ist unter anderem davon abhängig, ob und wie dem Mieter die Maßnahmen zur Sicherstellung der Betriebsbereitschaft der eingebauten Rauchwarnmelder erklärt wurden.[178] Ohne eine entsprechende Erklärung und ggf. eine Einweisung, dürfte der Mieter bestenfalls bei modernen Qualitätsrauchwarnmelder, die im Falle einer Fehlfunktion diese optisch oder akustisch anzeigen, einen Mangel überhaupt bemerken.

Entfernt der Mieter die vorhandenen Rauchwarnmelder oder schränkt er deren Funktionsfähigkeit vorsätzlich oder fahrlässig zum Beispiel durch Abkleben oder Übermalen ein, ist er nach § 823 Abs. 1 „dem anderen zum Ersatz des daraus entstehenden Schadens verpflichtet." Es stellt sich hier die Frage, wer „der andere" sein kann. Wie oben erläutert, kann sich der Schadensersatz nicht auf einen Sachschaden am Gebäude beziehen, da Rauchwarnmelder nicht zum Schutz von Sachwerten geeignet sind. Eine Schadensersatzpflicht gegenüber dem Vermieter oder Eigentümer fällt demnach aus. Der Schaden für Leben und Gesundheit trifft die Mieter selbst und ggf. dessen Besucher. Ein Besucher des Mieters könnte also im Falle eines Brandes in der Wohnung vom Mieter Schadensersatz verlangen, wenn er durch Brandrauch verletzt wird und dies durch die zwar vorhandenen aber nicht betriebsbereiten Rauchwarnmelder hätte verhindert werden können. Falls der Besucher durch den Brand umkommt, ist der Mieter gegenüber den Angehörigen zum Schadensersatz verpflichtet.

Wie oben im Fall b) erläutert, sind Rauchwarnmelder nicht zum Schutz von Personen außerhalb der brennenden Wohnung geeignet. Den Mieter trifft also demnach keine Schadensersatzpflicht, wenn durch die nicht betriebsbereiten Rauchwarnmelder andere Bewohnern in dem Gebäude verletzt werden oder umkommen. Gleiches gilt für Sachschäden, die beispielsweise dem Vermieter oder anderen Eigentümern von Wohnungen in dem Gebäude entstehen.

---

[177] vgl. Zentralverband Elektrotechnik- und Elektronikindustrie e.V., Frankfurt a. M. (Hg.): ZVEI-Merkblatt 33003:2009-08. Rauchwarnmelder (RWM) und Brandmeldeanlage (BMA) mit automatischen Brandmeldern – Ein Vergleich.

[178] siehe dazu Kap. 5.5.2 auf Seite 52

6.1.3 Dienstleister

Mit dem für den Einbau oder ggf. mit der Instandhaltung von Rauchwarnmeldern beauftragte Dienstleister wird ein Werkvertrag nach § 631 BGB geschlossen[179], nach dem der Unternehmer (Dienstleister) gegenüber dem Besteller (Eigentümer) zu einem nach Abs. 2 herbeizuführenden Erfolg verpflichtet ist. Falls im Vertrag nichts anderes vereinbart wird, ist die Werkleistung mängelfrei, wenn sich das Ergebnis „für die gewöhnliche Verwendung eignet und eine Beschaffenheit aufweist, die bei Werken der gleichen Art üblich ist und die der Besteller nach der Art des Werkes erwarten kann."[180] Das Werk muss demnach mindestens den anerkannten Regeln der Technik entsprechen, die für den Einbau und die Wartung von Rauchwarnmelder in der DIN 14676 zusammengefasst sind. Auch wenn diese Norm baurechtlich nicht eingeführt ist, setzt sie dennoch den Standard, der nach Werkvertragsrecht zu erfüllen ist. Sind die Anforderungen nicht erfüllt, gilt das Werk als mangelhaft und der Besteller kann innerhalb der Verjährungsfrist seine Rechte nach § 634 BGB geltend machen. Die Verjährungsfrist beträgt nach § 634a BGB fünf Jahre, weil die Rauchwarnmelder in ein Gebäude eingefügt und damit zu einem wesentlichen Bestandteil des Gebäudes werden.[181] In der Rechtsprechung wird gelegentlich die Ansicht vertreten, es handele sich bei Rauchwarnmeldern um Zubehör nach § 97 BGB – nach dieser Rechtsauffassung würde die Verjährungsfrist lediglich zwei Jahre betragen. Gegen die Zubehöreigenschaft spricht jedoch, dass Rauchwarnmelder bauordnungsrechtlich vorhanden sein müssen, also als obligatorischer Bestandteil der Wohnung und damit des Gebäudes angesehen werden.

Die nach Werkvertragsrecht üblicherweise durchgeführte Abnahme durch den Besteller ist in der Praxis für alle Beteiligten problematisch. Insbesondere bei großen Wohnungsbeständen vereinbart der beauftragte Dienstleister mit den Mietern individuelle Termine für die Betretung der Wohnungen. Der Eigentümer oder Vermieter ist dabei in der Regel nicht anwesend, müsste also für die Abnahme einen weiteren Besichtigungstermin mit jedem einzelnen Mieter vereinbaren. Grundsätzlich kann man davon ausgehen, dass durch diesen Umstand die Abnahme „nach der Beschaffenheit des Werkes" ausgeschlossen ist.[182] Das Werk gilt demnach nach § 646 BGB mit der mangelfreien Erbringung (und Übergabe der Dokumentation) als vollendet und abgenommen.

Den Eigentümer kann nach § 831 BGB eine Haftung für den Verrichtungsgehilfen (in diesem Fall für den Dienstleister) treffen. Die Haftung tritt allerdings nicht ein, wenn der Dienstleister sorgfältig ausgewählt wurde. Hier ist die DIN 14676:2012 hilfreich, die in im Abschnitt 7 und im Anhang B die Anforderungen an die Fachkompetenz von Dienstleistungserbringern nennt und das Verfahren für deren Nachweis regelt. Der Auftraggeber kann sich demnach recht einfach exkulpieren, wenn er eine „Geprüfte Fachkraft für Rauchwarnmelder nach DIN 14676" mit dem Einbau der Rauchwarnmelder beauftragt.

---

[179] Werkvertragsrecht anstatt Kaufvertragsrecht ist anzuwenden, da die Rauchwarnmelder aufgrund der bauordnungsrechtlichen Forderung „für die Benutzbarkeit des Gebäudes von wesentlicher Bedeutung" sind. Vgl. BGH, Urteil vom 09.10.2013, Aktenzeichen VIII ZR 318/12. Rn. 19

[180] § 633 Abs. 2 Nr. 2 BGB

[181] vgl. § 94 Abs. 2 BGB

[182] vgl. § 640 BGB Abs. 1 Satz 1

Abgesehen von Schäden, die der Dienstleistungserbringer im Zuge seiner Tätigkeit am Gebäude, am Inventar oder an den Personen verursacht[183] und für die er gegenüber dem Geschädigten nach § 241 Abs. 2 oder § 823 BGB direkt verantwortlich ist, können folgende Schäden auftreten:

    f)   Der Rauchwarnmelder kann vom Dienstleister an einer falschen Position eingebaut worden sein und dadurch im Falle eines Brandes zu spät Alarm auslösen.

    g)   Der vom Dienstleister gelieferte Rauchwarnmelder selbst kann mangelhaft sein und während der vorgesehenen Nutzungszeit funktionsunfähig werden.

Im Falle f) entsteht ein Mangelfolgeschaden nach § 823 BGB, wenn die Bewohner durch den falsch eingebauten Rauchwarnmelder zu spät alarmiert und dadurch verletzt werden oder umkommen. Schadensersatzansprüche, die auf der Verletzung des Lebens, des Körpers, der Gesundheit oder der Freiheit beruhen, verjähren in 30 Jahren.[184] Schadensersatzpflichtig ist der Dienstleister oder der Eigentümer. Letzterer allerdings nur wenn er nach § 831 BGB für den Verrichtungsgehilfen haftet.

In der Praxis ist ein falsch eingebauter Rauchwarnmelder von den Bewohnern nicht zwingend als solcher zu erkennen, da auch beispielsweise der regelmäßig durchgeführte Funktionstest dazu keine Hinweise liefert. In dem Zusammenhang kann die in Kap. 5.5.1 (letzter Absatz) erwähnte Übergabe der Betriebsanleitung an die Mieter hilfreich sein, aus der auch Hinweise zu den geeigneten Montagepositionen hervorgehen.

Falls kein Folgeschaden eintritt und der Schaden nur dadurch begründet ist, dass der Rauchwarnmelder nicht ordnungsgemäß eingebaut wurde, kann der Eigentümer seine Rechte gegenüber dem Dienstleister nach § 634 BGB innerhalb der fünfjährigen Verjährungsfrist geltend machen und zum Beispiel die Versetzung des Rauchwarnmelders an eine geeignete Position verlangen.

Im Fall g) wird angenommen, dass der Rauchwarnmelder nach der Inbetriebnahme funktionstüchtig war und wegen einer Störung, die auf fehlerhaftes Material oder die Herstellung zurückzuführen ist, in der Folgezeit Brandrauch nicht mehr erkennt und/oder kein Alarmsignal mehr ausgibt. Eine solche Funktionsstörung kann – auch bei einfachen Geräten – mittels der eingebauten Prüfeinrichtung durch die Bewohner festgestellt werden. Wird die Störung innerhalb der Verjährungsfrist festgestellt, kann der Eigentümer gegenüber dem Dienstleister seine Rechte nach § 634 BGB geltend machen, beispielsweise also den Austausch oder die Reparatur des Gerätes verlangen. Nach neuer Fassung des BGB[185] kann der Dienstleister wiederum von seinem Lieferanten oder dem Hersteller nicht nur die Reparatur oder den Ersatz für das defekte Gerät, sondern auch die erforderlichen Aufwendungen für das Entfernen des mangelhaften und den Einbau des mangelfreien Gerätes verlangen.[186]

Sollte die Funktionsstörung zwischen zwei regelmäßigen Prüfungen auftreten und bis zum Eintritt eines Brandereignisses unbemerkt bleiben, könnten die Bewohner in Folge des ausgebliebenen Alarmsignals verletzt werden oder umkommen. Unter den Einschränkungen des § 1 Abs. 2 ProdHaftG ist der Hersteller des Rauchwarnmelders verpflichtet, den daraus entstehenden Schaden zu ersetzen.[187]

---

[183] z. B. ein heruntergefallenes Werkzeug beschädigt den Bodenbelag

[184] vgl. § 199 Abs. 2 BGB

[185] gültig ab 01.01.2018

[186] vgl. § 439 Abs. 3 BGB n. F.

[187] vgl. § 1 Abs. 1 ProdHaftG

6.1.4   Fehlalarme

Nicht selten lösen Rauchwarnmelder einen Alarm aus, obwohl es nicht brennt. Grund dafür sind neben fahrlässiger oder absichtlicher Auslösung oft sogenannte „Täuschungsgrößen", wie zum Beispiel Staub durch Reinigungs- oder Bauarbeiten, Wasserdampf oder Kochdämpfe. Üblicherweise sind bei einem solchen „Täuschungsalarm" die Bewohner in der Nähe und können den Alarm stoppen.

Eine technische Störung des Rauchwarnmelders kann ebenfalls dazu führen, dass ein Alarm ausgelöst wird. In diesem Fall sind die Bewohner aber ggf. nicht anwesend. Nachbarn könnten den Alarm bemerken und mangels der Möglichkeit, in der betroffenen Wohnung einen Brand auszuschließen, die Feuerwehr alarmieren. Nicht selten kommt es auch vor, dass Nachbarn das Batteriestörungssignal eines Rauchwarnmelders hören und den Notruf wählen, wenn sie nicht sicher sind, dass in der Nachbarwohnung alles in Ordnung ist.

Mit dem Einsatzstichwort „Brand, privater Rauchwarnmelder ausgelöst" rücken anschließend mindestens eine Gruppe mit einem Löschfahrzeug und – je nach örtlicher Bebauung – ein Hubrettungsfahrzeug aus.[188] Der Einsatz eines Löschfahrzeugs kostet etwa 200,- bis 250,- Euro pro Stunde; bei einem Löschzug[189] fallen 800,- bis 1.000,- Euro pro Stunde an. Diese Kosten werden üblicherweise weder dem Wohnungseigentümer oder -besitzer noch dem Anrufer des Notrufs in Rechnung gestellt. Dennoch entsteht ein Schaden, den die Allgemeinheit zu tragen hat.

Auf dem Markt sind seit einigen Jahren Rauchwarnmelder verfügbar, deren Batterie eine Kapazität für mindestens zehn Jahre Betrieb haben und die Fehlalarme durch eine intelligente Elektronik weitgehend vermeiden.[190] Denkbar ist, dass die Feuerwehrgesetze der Länder nach einer Übergangszeit dahingehend angepasst werden, dass Einsätze infolge eines Fehlalarms für die Eigentümer und Besitzer einer Wohnung nur noch kostenfrei sind, wenn Rauchwarnmelder nach dem „Stand der Technik" verwendet werden.

6.1.5   Sachversicherung

In der Presse und vor allem im Internet wird als Folge fehlender oder nicht betriebsbereiter Rauchwarnmelder oft über die daraus angeblich resultierende Leistungskürzung der Sachversicherung im Brandfall berichtet. Als Argument wird angeführt, dass nach den Versicherungsbedingungen der Gebäudeversicherung „alle gesetzlichen Vorschriften" als Obliegenheit des Versicherten einzuhalten sind.

In den Muster-Versicherungsbedingungen des GDV für die Wohngebäudeversicherung heißt es dazu: „Vertraglich vereinbarte Obliegenheiten, die der Versicherungsnehmer vor Eintritt des Versicherungsfalles zu erfüllen hat, sind: [...] die Einhaltung aller gesetzlichen, behördlichen

---

[188] vgl. Gemeinsamer Runderlass des Hessischen Ministeriums des Innern und für Sport (HMdIS) und des Hessischen Ministeriums für Soziales und Integration (HMSI) zur Festlegung der Einsatzstichworte für Brand-, Hilfeleistungs- und Rettungsdiensteinsätze vom 05.11.2015.

[189] nach FwDV 3: drei Fahrzeuge und 22 Einsatzkräfte

[190] Diese Geräte erfüllen die erweiterten Anforderungen nach vfdb-Richtlinie 14/01 und sind meist durch das vom Forum Brandrauchprävention e. V. markenrechtlich geschützte „Q-Logo" zu erkennen.

sowie vertraglich vereinbarten Sicherheitsvorschriften [...]"[191] Der Versicherer kann die Versicherung innerhalb eines Monats nach Kenntnis der vorgenannten Obliegenheitspflichtverletzung fristlos kündigen, wenn der Versicherte diese vorsätzlich oder grob fahrlässig begangen hat.[192]

Der nach Landesbauordnung vorgeschriebene Einbau und Betrieb von Rauchwarnmeldern ist grundsätzlich eine „Sicherheitsvorschrift" im Sinne der Versicherungsbedingungen. Das Fehlen der Rauchwarnmelder oder die nicht erfolgte Sicherstellung der Betriebsbereitschaft wären demnach eine Pflichtverletzung nach Versicherungsvertrag und der Versicherer wäre bei Vorsatz von der Leistung freigestellt bzw. könnte bei grober Fahrlässigkeit seine Leistung in dem Verhältnis kürzen, das der Schwere des Verschuldens des Versicherungsnehmers entspricht.[193]

Unabhängig davon ist der Versicherer jedoch zur Leistung verpflichtet, wenn der Versicherungsnehmer nachweist, dass die Verletzung der Obliegenheit weder für den Eintritt noch für den Umfang der Leistungspflicht des Versicherers ursächlich ist.[194]

Letzteres ist beim Betrieb von Rauchwarnmelder, bzw. bei deren Fehlen, regelmäßig der Fall, denn das Schutzziel eines Rauchwarnmelders ist ausschließlich die Personenrettung.[195] Wenn die Bewohner vom Alarm eines Rauchwarnmelders geweckt oder auf einen unentdeckten Brand in einem anderen Raum der Wohnung aufmerksam gemacht werden, ist die empfohlene Maßnahme: Wohnung verlassen und anschließend die Feuerwehr rufen.

Es ist möglich, dass als Nebeneffekt die Feuerwehr ggf. um einige Minuten früher alarmiert wird. Auf den Gebäudeschaden und damit auf den Umfang der Leistungspflicht des Versicherers hat das jedoch keine Auswirkungen. Die Wohnung steht beim Eintreffen der Feuerwehr an der Einsatzstelle in den meisten Fällen trotz einer geringfügig früheren Alarmierung bereits im Vollbrand, wenn die Brandausbreitung nicht durch andere Umstände – zum Beispiel geschlossene Türen und Fenster – verhindert wird.

In der frühen Phase eines Brandes kann dieser ggf. auch durch die Bewohner gelöscht werden. Dazu muss allerdings ein geeignetes Löschmittel zur Verfügung stehen und die Bewohner müssen damit umgehen können. Die Ausstattungsquote privater Wohnungen mit Feuerlöschern dürfte in Deutschland unter zehn Prozent liegen. Dazu kommt, dass vorhandene Feuerlöscher in Privatwohnungen selten benutzt und deshalb auch meist nicht gewartet werden. Der „zwanzig Jahre alte Pulverlöscher" steht vielleicht im Keller ganz hinten und ist keinesfalls innerhalb weniger Minuten an der Brandstelle einsatzbereit. Wenn es sich nicht um einen Fettbrand handelt, könnte ein entstehender Brand auch mit Wasser gelöscht werden. Allerdings dauert auch das mehrere Minuten bis ein geeigneter Behälter gefunden und gefüllt ist. Die Empfehlungen der Feuerwehren sind hier eindeutig: Im Falle eines Brandes geht die Selbstrettung vor. Löschversuche sollen nur unternommen werden, wenn man sich dadurch nicht selbst in Gefahr bringt.

---

[191] Gesamtverband der Deutschen Versicherungswirtschaft e. V. (GDV) (Hg.): Allgemeine Wohngebäude Versicherungsbedingungen (VGB 2010 – Wohnflächenmodell) Version 01.01.2013, Abschnitt B, § 8 Abs. Abs. 1 Nr. a) aa), S. 28

[192] ebd. Abschnitt B, § 8 Abs. Abs. 1 Nr. b), S. 28

[193] Gesamtverband der Deutschen Versicherungswirtschaft e. V. (GDV) (Hg.): Allgemeine Wohngebäude Versicherungsbedingungen (VGB 2010 – Wohnflächenmodell) Version 01.01.2013, Abschnitt B, § 8 Abs. Abs. 3 Nr. a), S. 29

[194] ebd. Abschnitt B, § 8 Abs. Abs. 3 Nr. b), S. 29

[195] siehe Kap. 3.2 auf Seite 14

Der Rauchwarnmelder kann also regelmäßig die Ausbreitung eines Brandes und den entstehenden Sachschaden weder verhindern noch verringern. Insofern ist sein Vorhandensein und seine Betriebsbereitschaft für die Gebäude- und die Inhaltsversicherung unerheblich.

Der Gesamtverband der deutschen Versicherungswirtschaft e.V. (GdV) nimmt zu dem Thema bereits 2013 Stellung: "Der Versicherer fordert weder ein Einbauzertifikat noch einen Kaufbeleg oder sonst irgendetwas. Die Rauchwarnmelder sind in erster Linie da, um Leben zu retten. Das heißt, der Schutz vor Sachschäden ist an dieser Stelle zweitrangig. Der fehlende Rauchwarnmelder müsste für den Brand ursächlich sein, damit es irgendeinen Einfluss auf den Versicherungsschutz hat. Einen solchen Zusammenhang kann man aber in der Regel überhaupt nicht herstellen."[196]

6.2   Strafrechtliche Konsequenzen

Neben der Verpflichtung zum Schadenersatz kann sich aus dem Handeln oder Unterlassen eine strafrechtliche Verantwortlichkeit ergeben.

In Betracht kommen hier die „Fahrlässige Körperverletzung" nach § 229 StGB und die „Fahrlässige Tötung" nach § 222 StGB. In beiden Fällen wird die Straftat durch Unterlassen[197] begangen – nämlich entweder durch das Unterlassen des Einbaus von Rauchwarnmeldern oder das Unterlassen der notwendigen Maßnahmen für den ordnungsgemäßen Betrieb der Geräte.

Nach einem Brand mit Toten oder Verletzten ermitteln die Strafverfolgungsbehörden bei einem Anfangsverdacht von Amts wegen. Es wird geprüft, ob eine Sorgfaltspflicht ursächlich verletzt wurde und ob bei pflichtgemäßem Handeln der „strafrechtlich relevante Erfolg mit an Sicherheit grenzender Wahrscheinlichkeit verhindert worden wäre."[198] Nach § 13 Abs. 1 StGB kann für eine Tat jedoch nur derjenige bestraft werden, der rechtlich dafür einzustehen hat, dass dieser „strafrechtlich relevante Erfolg" nicht eintritt.

Sind in einer Wohnung keine Rauchwarnmelder vorhanden[199] oder sind diese nicht betriebsbereit und werden bei einem Brand in dieser Wohnung Personen verletzt oder getötet, muss also zunächst geprüft werden, ob betriebsbereite Rauchwarnmelder dies verhindert hätten. Ist das der Fall, muss geprüft werden, welche Person zum Einbau und/oder zur Sicherstellung der Betriebsbereitschaft verpflichtet gewesen wäre.

Ähnlich wie bei der privatrechtlichen Haftung lässt sich die Verpflichtung zum Einbau leicht auf den Eigentümer der Wohnung festlegen. Der Eigentümer wird also – falls er nicht für den Einbau von Rauchwarnmeldern in der betroffenen Wohnung gesorgt hat – mit einem strafrechtlichen Verfahren rechnen müssen, in dessen Verlauf die Ursächlichkeit der Unterlassung geklärt werden muss. In der Regel kann der Sachverhalt nur auf Grund entsprechender Gutachten durch

---

[196] Kathrin Jarosch, GdV. (15.02.2013): Kleine Lebensretter - Rauchwarnmelder schützen Sie und Ihre Familie. ots. Online verfügbar unter http://www.presseportal.de/pm/39279/2416641, z.g.a. 09.06.2017.

[197] vgl. § 13 Abs. 1 StGB

[198] Heintschel-Heinegg, B. (Hg.) (2017): Beck'scher Online-Kommentar StGB, 34. Edition, Stand: 01.05.2017. München: C. H. Beck. § 222 Rn. 6

[199] Angenommen wird, dass der Einbau und Betrieb von Rauchwarnmeldern nach Landesbauordnung für die betroffene Wohnung obligatorisch ist, es sich also um einen Neubau handelt oder die Übergangsfrist zur Nachrüstung bestehender Wohnungen verstrichen ist.

Brandsachverständige aber auch Sachverständige anderer Disziplinen (z. B. medizinische) aufgeklärt werden.[200]

Daneben kann der Dienstleister, der Rauchwarnmelder im Auftrag des Eigentümers einbaut oder wartet, den Straftatbestand der Baugefährdung nach § 319 Abs. 2 StGB erfüllen, wenn er bei seiner Tätigkeit gegen die allgemein anerkannten Regeln der Technik verstößt und dadurch Leib oder Leben eines anderen Menschen gefährdet. Die vorgesehene Strafe hierfür ist Freiheitsstrafe bis zu fünf Jahre oder Geldstrafe.

---

[200] In Klagenfurt (Österreich) wurde 2014 ein Verfahren gegen die Verantwortlichen eingestellt, weil durch ein rechtsmedizinisches Gutachten nachgewiesen werden konnte, dass die zu Tode gekommene Mieterin aufgrund einer hohen Blutalkoholkonzentration auch mit betriebsbereiten Rauchwarnmeldern nicht hätte fliehen können.

7 Zusammenfassung

7.1 Pflichten, Obliegenheit und Haftung der Beteiligten

Die Gesetzgeber in den 16 Bundesländern haben – maßgeblich auf nachdrückliche Empfehlung der Feuerwehrverbände – jeweils eigene Anforderungen zum Einbau und Betrieb von Rauchwarnmeldern in Wohnungen festgelegt. Über einen Zeitraum von 13 Jahren (2003 bis 2016) wurden die Landesbauordnungen entsprechend ergänzt, um die eigenen Erfahrungen und die Erfahrungen aus anderen Bundesländern mit der Umsetzung der Rauchwarnmelderpflicht möglichst praktikabel zu gestalten.

Die Landesgesetzgeber haben mit der Rauchwarnmelderpflicht jedoch keine Veränderung der Schuldhaftung nach einem Wohnungsbrand beabsichtigt. Auch sollte nicht in bestehende Gesetze oder Verträge eingegriffen werden. Es ging und geht lediglich darum, ein für speziell für das Schutzziel entwickeltes technisches Gerät mit ein oder zwei Schrauben an der Zimmerdecke zu montieren, um dadurch im Falle eines Brandes in der Wohnung eventuell die Gesundheit oder das Leben der Bewohner zu retten. Der Gesetzgeber wäre nicht verpflichtet gewesen, das gesetzlich vorzuschreiben; jedoch haben Kampagnen mit dem Ziel, die Wohnungseigentümer freiwillig zur Ausstattung von Wohnungen mit Rauchwarnmeldern zu bewegen, nicht den gewünschten Erfolg gezeigt. Daraufhin hat man beschlossen, diesen kaum als „bauliche Maßnahme" zu bezeichnenden Einbau von Rauchwarnmeldern und deren dauerhaften Betrieb durch einen Zusatz in der Landesbauordnung nachdrücklich anzustoßen.

Im einfachsten Fall kauft ein Wohnungseigentümer drei oder vier Rauchwarnmelder für zusammen etwa 50 bis 80 Euro und montiert diese mit dem beigelegten Montagematerial an den in der Betriebsanleitung angegeben Positionen in Schlafräumen und Fluchtwegen der Wohnung. Es sind weder eine Fachkraft noch die Kenntnis der Anwendungsnorm erforderlich, um auf diese Weise ganz unkompliziert den vom Gesetzgeber beabsichtigen Schutz der Bewohner zu erreichen.

Abgesehen davon, dass beim Einbau und Betrieb der Geräte in größeren vermieteten Wohnungsbeständen weitere Gegebenheiten berücksichtigen werden müssen, wird die Umsetzung vor allem durch Marktteilnehmer „verkompliziert", die aus dem gesetzlichen Druck auf die Wohnungseigentümer einen wirtschaftlichen Gewinn erzielen wollen. Vom Wartungsvertrag über die Vermietung von Rauchwarnmeldern bis hin zur kostenpflichtigen Registrierung der eingebauten Geräte in einer zentralen Datenbank werden die verschiedensten, meist teuren und nutzlosen Leistungen angeboten und nachdrücklich beworben. Das trägt maßgeblich zur Verunsicherung der Wohnungseigentümer bei und ist nicht zielführend.

In allerbester Absicht sind bauordnungsrechtliche Vorgaben nach jeweiligem Landesrecht entstanden, die sich zwangsläufig mit anderen Rechtsgebieten überschneiden. Problematisch sind aufgrund der unterschiedlichen und teilweise unpräzisen Formulierung der Verpflichtung zum Einbau und zum Betrieb von Rauchwarnmelder in den Landesbauordnungen insbesondere die Einordnung der mietrechtlichen Zuständigkeit und die Haftung. Das zeigt sich unter anderem darin, dass nahezu gleiche Sachverhalte von verschiedenen Gerichten völlig unterschiedlich beurteilt werden. Als Grund dafür wurde identifiziert, dass sowohl die Gesetzgebung als auch die Rechtsprechung das technische Gerät „Rauchwarnmelder" und sein Schutzziel mitunter unzutreffend bewerten.

© Springer Fachmedien Wiesbaden GmbH, ein Teil von Springer Nature 2018
L. Inderthal, *Rechte und Pflichten beim Einbau und Betrieb von Rauchwarnmeldern*,
https://doi.org/10.1007/978-3-658-21769-3_7

Der Einbau und Betrieb von Rauchwarnmeldern ist eine geeignete Maßnahme, um Personen in der Wohnung, in der die Geräte eingebaut sind, möglichst schnell nach Entstehung eines Brandes zu alarmieren. Die Bewohner können sich durch eine frühe Warnung vor dem lebensbedrohenden Brandrauch in Sicherheit bringen. Weitergehende Ziele, zum Beispiel die Eindämmung der Ausbreitung eines Brandes oder die unwesentlich frühere Alarmierung der Feuerwehr, sind bestenfalls Nebeneffekte, deren positive Auswirkungen nicht durch den Rauchwarnmelder selbst, sondern unter Umständen durch die von ihm alarmierten Personen hervorgerufen werden.

Im Unterschied zu Rauchsensoren einer Brandmeldeanlage, die tatsächlich von einer qualifizierten Fachkraft regelmäßig geprüft werden müssen, kann bei einem Rauchwarnmelder nach DIN EN 14604 die Prüfung sehr einfach von den Bewohnern selbst durchgeführt werden. Die Geräte sind technisch so konzipiert, dass ihre Funktionsbereitschaft durch eine Taste am Gehäuse ohne technische Kenntnisse oder Hilfsmittel mit 100-prozentiger Sicherheit festgestellt werden kann. Darüber hinaus kann und darf bei einem Rauchwarnmelder außer der Batterie[201] kein Teil ersetzt, gereinigt oder verbessert werden. Der häufig verwendete Begriff „Wartung" trifft also bestenfalls auf den Batteriewechsel zu. Stand der Technik sind allerdings Geräte mit Langzeitbatterie, bei denen selbst das über die gesamte Lebensdauer von zehn Jahren nicht mehr erforderlich ist.

Unter Berücksichtigung der beiden vorgenannten Tatsachen können die Pflichten und Obliegenheiten der Beteiligten beim Einbau und Betrieb von Rauchwarnmelder auf folgende einfache Regeln reduziert werden:

I.   **nach Bauordnungsrecht**

   a.   Für den Einbau von Rauchwarnmeldern ist bei Neubauten und umfangreichen Änderungen der Bauherr, bei bestehenden Wohnungen der Eigentümer verantwortlich.

   b.   Der Betrieb der Rauchwarnmelder kann nur durch Personen erfolgen, die ständigen Zugriff auf die Geräte haben. Die Sicherstellung der Betriebsbereitschaft umfasst neben der regelmäßigen Prüfung (mittels der eingebauten Prüfeinrichtung) das Unterlassen von allem, was die Funktionsfähigkeit der Geräte beeinträchtigen könnte.

II.   **nach Privatrecht**

   a.   Der Einbau von Rauchwarnmeldern dient nicht der Verbesserung der Mietsache, sondern ist die Herstellung des vertragsmäßigen Gebrauchs[202]. Die dem Vermieter für die Anschaffung und den Einbau der Rauchwarnmelder entstehenden Kosten sind folglich Instandsetzungsaufwendungen und können weder als Betriebskosten noch als Modernisierungsumlage[203] auf die Mieter umgelegt werden. Das gilt insbesondere für die Kosten der Anmietung oder des Leasings von Rauchwarnmeldern.

   b.   Die Maßnahmen, die erforderlich sind, um die Betriebsbereitschaft der Rauchwarnmelder fest- und sicherzustellen, muss der Vermieter dem Mieter möglichst in Textform erklären. Es handelt sich hierbei allerdings nicht um die Übertragung von Pflichten, deren Einhaltung der Vermieter überwachen muss und für die er haftet.[204]

---

[201] und der Sicherung bei Rauchwarnmeldern, die mit Netzspannung versorgt werden

[202] i. S. von § 535 BGB

[203] nach § 559 BGB

[204] nach § 831 Abs. 1 BGB

c. Ist ein Rauchwarnmelder nicht (mehr) betriebsbereit, muss der Mieter diesen Mangel
    an der Mietsache unverzüglich dem Vermieter mitteilen[205], der dann wiederum dazu
    verpflichtet ist, das Gerät zu reparieren oder auszutauschen.[206]

d. Den Vermieter trifft für Anlagen in den vermieteten Räumen keine Verkehrssiche-
    rungspflicht. Er kann darauf vertrauen, dass der Mieter es ihm anzeigt, wenn ein
    Rauchwarnmelder nicht betriebsbereit ist. Voraussetzung dafür ist allerdings, dass er
    dem Mieter erklärt hat, wie eine Fehlfunktion festgestellt werden kann. Der Vermieter
    ist insofern nicht dazu verpflichtet, eine regelmäßige Inspektion oder Wartung der in
    den vermieteten Räumen eingebauten Rauchwarnmelder durchzuführen und kann so-
    mit auch die für eine solche Maßnahme anfallenden Kosten nicht als Betriebskosten
    umlegen.

e. Der Vermieter haftet für Schäden[207], die der von ihm beauftragte Dienstleister verur-
    sacht. Der Haftung kann der Vermieter entgehen, wenn er den Dienstleister sogfältig
    auswählt. Regelmäßig ist das der Fall, wenn er eine nach DIN 14676 geprüfte Fach-
    kraft für Rauchwarnmelder mit dem Einbau beauftragt.

Ausschlaggebend für den Erfolg der Rauchwarnmelderpflicht hinsichtlich der zu bewirkenden
„Rettung von Leben der Bewohner" ist neben technisch einwandfrei funktionierenden Geräten
das Wissen der Beteiligten um Einsatzzweck und Betrieb der Geräte sowie das richtige Verhalten
im Brandfall. Eine Erklärung in Textform mit allen wesentlichen, für die Bewohner zu beach-
tenden Maßnahmen ist in Anhang 2 dargestellt.

Sollte dem Wohnungseigentümer eine Pflichtverletzung vorgeworfen werden, muss dieser im
Zweifel beweisen, dass:

• Rauchwarnmelder nach den Vorgaben der Landesbauordnung eingebaut wurden und

• den Bewohnern die erforderlichen Maßnahmen zur Sicherstellung der Betriebsbereitschaft erklärt wurden.

Ein zu diesem Zweck verwendbares „Einbau- und Inbetriebnahmeprotokoll" ist im Anhang 3
dargestellt.

7.2 Analyse und Bewertung

Die vorangegangenen Kapitel zeigen auf, dass die Bauordnung ggf. nicht in allen Belangen geeignet ist, alle Anforderungen zum Einbau und Betrieb von Rauchwarnmeldern sachgerecht zu
beschreiben. Gegenüber einer Formulierung der Rauchwarnmelderpflicht in der Muster-Bauordnung, was im Übrigen von der Bauministerkonferenz abgelehnt wird[208], könnten in einer eigen-
ständigen „Muster-Richtlinie für den Einbau und Betrieb von Rauchwarnmeldern" die verantwortlichen Personen abweichend von den „am Bau Beteiligten" benannt werden. Darüber hinaus
umgeht eine eigenständige Richtlinie die Bestandsschutz-Problematik in der Bauordnung, die
durch die Verpflichtung zum Einbau von Rauchwarnmeldern in bestehenden Wohnungen entsteht.

---

[205] nach § 536c BGB

[206] nach § 535 Abs. 1 BGB

[207] nach § 831 BGB

[208] vgl. Niederschrift über die Sitzung der Bauministerkonferenz am 27./28. Mai 2004, TOP 13

Die nachfolgende Zusammenstellung der Erkenntnisse aus der Analyse der Rauchwarnmelderpflicht unter Berücksichtigung insbesondere der mietrechtlichen Belange des Privatrechts mün-
det in der Formulierung einer solchen Richtlinie, die als Entwurf in Anhang 4 beigefügt ist.

Räume, die mit Rauchwarnmeldern ausgestattet werden sollten

Die verschiedenen Formulierungen der Landesbauordnung sehen vor, dass Rauchwarnmelder in
folgenden Bereichen eingebaut werden müssen:

Tabelle 7.1: Mit Rauchwarnmeldern auszustattende Räume

Variante	Innerhalb von Wohnungen	Außerhalb von Wohnungen
A	Schlafräume und Kinderzimmer Rettungswege (Flure)	
B	Aufenthaltsräume (ohne Küche) Rettungswege (Flure)	
C	Schlafräume Rettungswege (innerhalb der Nutzungseinheit)	

Der überwiegende Teil der Bauordnungen schreibt eine Ausstattung von Schlafräumen, Kinderzimmern und Fluren vor (Variante A).

In Variante B[209] müssen innerhalb der Wohnung alle Aufenthaltsräume, außer Küchen, (darunter
natürlich auch Schlafzimmer und Kinderzimmer) sowie Rettungswege innerhalb der Wohnung
mit Rauchwarnmeldern ausgerüstet werden. Die Gefahr einer Brandentstehung ist erfahrungs-
gemäß in einem Wohnzimmer höher einzuschätzen als in Schlafräumen und durch die dort angebrachten Rauchwarnmelder können Personen auch in benachbarten (Schlaf-)Räumen früher
gewarnt werden.

Nach Variante C[210] müssen alle Schlafräume und deren Fluchtwege innerhalb der Nutzungseinheit ausgerüstet werden, unabhängig davon, ob sich diese in einer Wohnung oder in einer anderen Nutzungseinheit (z. B. in einem Pflegeheim, Kindergarten oder Hotel) befinden. Kinderzimmer – wenn dies nicht ohnehin Schlafräume sind – werden nicht explizit erwähnt.

Der optimale Schutz vor Brandrauch – sowohl in der Wohnung wie auch in Schlafräumen außerhalb von Wohnungen – wird durch eine Kombination der Varianten B und C erreicht. Gegenüber der Variante C, wie sie in Baden-Württemberg erfolgreich umgesetzt wurde, müssten in
einer üblichen Wohnung lediglich das Wohnzimmer, ggf. ein Arbeitszimmer zusätzlich ausgestattet werden.

---

[209] in Berlin und Brandenburg
[210] in Baden-Württemberg und Sachen

Personen, die zur Ausstattung verpflichtet werden sollten

Nahezu alle Bundesländer haben die Eigentümer der Wohnungen[211] zum Einbau der Rauchwarnmelder verpflichtet. Lediglich in Mecklenburg-Vorpommern mussten die unmittelbaren Besitzer
die Rauchwarnmelder selbst einbauen. Diese Regelung führte zwar zu einer klaren rechtlichen
Situation bezüglich der Instandhaltung, die hier ohne Zweifel ebenfalls durch die Besitzer zu
erfolgen hatte. Insgesamt war diese Regelung jedoch problematisch und wurde 2015 geändert.

Es hat sich herausgestellt, dass eine klare Vorgabe die Umsetzung erleichtert. Eine Begründung,
die gegen die Verpflichtung der Eigentümer spricht, ist nicht ersichtlich.

Maßnahmen zur Sicherstellung der Betriebsbereitschaft

Eine jährliche Inspektion und Wartung nach DIN 14676 alleine ist nicht geeignet, die Betriebsbereitschaft vorhandener Rauchwarnmelder sicherzustellen. Es hat sich gezeigt, dass praktisch
nur der unmittelbare Besitzer durch die andauernde räumliche Nähe und den direkten Zugriff auf
die Geräte dazu in der Lage ist. In der Praxis scheitert dies lediglich an der unzureichenden Information der unmittelbaren Besitzer. Rechtsunsicherheit entsteht vor allem bei vermieteten
Wohnungen, wenn der Vermieter nicht sicher sein kann, inwieweit ihn eine privatrechtliche oder
strafrechtliche Haftung trifft.

Nach Mietrecht besteht bereits eine Verpflichtung des Mieters, dem Vermieter während der
Mietzeit auftretende Mängel an der Mietsache unverzüglich anzuzeigen. Ein solcher Mangel
liegt auch vor, wenn ein vom Eigentümer eingebauter Rauchwarnmelder nicht betriebsbreit ist.
Allerdings muss der Mieter klare Anweisungen haben, wie ein solcher Mangel festgestellt werden kann. Anlage 2 enthält dazu das bereits erwähnte Muster-Dokument, das von Vermietern
zur Erklärung der Maßnahmen zur Sicherstellung der Betriebsbereitschaft verwendet werden
kann und sollte.

Verteilung der Kosten

Die durch den Mieter zu tragenden Betriebskosten wie auch eine Modernisierungsumlage sind
in einschlägigen Gesetzen und Verordnungen bereits geregelt. Die Muster-Richtlinie stellt durch
die Wortwahl die Anwendung dieser Gesetze klar. Es wird zum Beispiel im Zusammenhang mit
dem Einbau von Rauchwarnmeldern in bestehenden Wohnungen darauf hingewiesen, dass es
sich hierbei um eine Instandsetzungsmaßnahme handelt. Damit ist die Umlage als Modernisie-
rungskosten[212] ausgeschlossen.

Verantwortung für Fehlalarme

Es ist nicht einzusehen, dass die Allgemeinheit auf den Kosten für Fehlalarme sitzen bleiben
soll, wenn Eigentümer die billigsten Rauchwarnmelder einbauen, die sie kaufen können. Hier
muss der Wohnungseigentümer die Verantwortung für Fehlalarme tragen, ähnlich wie das bei
Brandmeldeanlagen schon immer der Fall ist. Privatrechtlich kann ein Eigentümer oder Vermieter vom Hersteller, Dienstleister oder auch vom Mieter Schadensersatz verlangen, wenn diese
für den Schaden verantwortlich sind.

---

[211] in BW und SN auch anderer Nutzungseinheiten mit Schlafräumen

[212] nach § 559 BGB

7.3   Ausblick

Auch wenn die Landesbauordnungen nun „endlich" in allen Bundesländern den Einbau und Betrieb von Rauchwarnmeldern bestimmen und eine Muster-Richtlinie damit zu spät kommt, kann sie dennoch eine praktische Hilfe auch bei der Auslegung bestehender Regelungen der Rauchwarnmeldepflicht darstellen.

Zu wünschen ist, dass das wirkliche lebensrettende Instrument Rauchwarnmelder zukünftig in möglichst vielen Wohnungen betriebsbereit vorhanden ist und so die Opfer bei Wohnungsbränden auf ein Minimum reduziert werden.

Dazu beitragen wird ganz sicher auch die technische Weiterentwicklung der Geräte. Bereits jetzt sind Rauchwarnmelder verfügbar, die keinen Batteriewechsel benötigen und die durch intelligente Elektronik ihren Betriebszustand selbst überwachen. Die Hersteller arbeiten weiter an der Zuverlässigkeit der Geräte, auch im Hinblick auf die Vermeidung von Fehlalarmen. Einige Hersteller garantieren bereits jetzt eine Lebensdauer von zehn Jahren und übernehmen sogar die Kosten für eine aufgrund eines Fehlalarms von der Feuerwehr aufgebrochene Wohnungstür.[213]

In den nächsten Jahren wird „das Internet der Dinge" auch in Verbindung mit Rauchwarnmeldern eine immer größere Rolle spielen. Rauchwarnmelder können so zum Beispiel von einer ständig besetzten Zentrale überwacht werden, die den Bewohner auf eine Funktionsstörung hinweist oder sogar die Feuerwehr bei einem Brandalarm benachrichtigt.

Geräte, die aufgrund der Rauchwarnmelderpflicht in den ersten Bundesländern in den Jahren bis 2010 eingebaut wurden, erreichen demnächst das Ende ihrer Lebenszeit. Auch hier wird wieder eine Aufklärungskampagne nötig sein, denn längst nicht alle Eigentümer wissen, dass auch Rauchwarnmelder mit wechselbarer Batterie eine Lebensdauer von maximal zehn bis zwölf Jahren haben. Der Austausch erfolgt dann hoffentlich gegen Qualitäts-Rauchwarnmelder, die das Leben für alle Beteiligten sicherer und einfacher machen.

---

[213] sogenannte „Echt-Alarm-Garantie"

Literaturverzeichnis

Abramenko, A. (2013): Beschlusskompetenzen bei Rauchwarnmeldern (Einbau, Wartung, Kosten). In: ZWE, S. 117–123.

Bahnsen, K. (2011): Der Bestandsschutz im öffentlichen Baurecht. 1. Aufl. Ba-den-Baden: Nomos (Schriften zum Baurecht, 8).

Bauministerkonferenz (Hg.): Niederschrift über die Sitzung der Bauministerkonferenz am 27./28. Mai 2004 in Schwerin. Online verfügbar unter https://www.bauministerkonferenz.de > Öffentlicher Bereich > Beschlüsse > Beschlüsse der 109. BMK - 27.-28.05.04 in Schwerin.

Bayerisches Staatsministerium des Innern, für Bau und Verkehr (Hg.) (o. J.): Rauchwarnmelderpflicht - Fragen und Antworten. Online verfügbar unter: https://www.stmi.bayern.de/assets/stmi/buw/baurechtundtechnik/iib7_rauchwarnmelderpflicht_fragen_und_antworten_201512.pdf

Beck'scher Online-Kommentar Bauordnungsrecht Bayern, Spannowsky/Manssen (Hrsg.). 3. Edition, Stand: 01.03.2017.

Beck'scher Online-Kommentar Bauordnungsrecht Hessen, Spannowsky/Eiding (Hrsg.). 4. Edition, Stand: 01.04.2017.

Blank, H.; Börstinghaus, U. (2017): Miete. Kommentar. 5., völlig neubearbeitete Auflage: C. H. Beck (Beck-online).

Brein, D.; Hegger, T. Fr.: Gefahrenpotenziale summieren sich. In: BrandAktuell 2002 (13/02).

Bundesamt für Bevölkerungsschutz und Katastrophenhilfe (2013): BBK-Glossar. Ausgewählte zentrale Begriffe des Bevölkerungsschutzes. Stand/Auflage 02/2013. Bonn (Praxis im Bevölkerungsschutz, 8).

Busse, J.; Kraus, S. (Hg.) (2016): Bayerische Bauordnung 2008. Kommentar. Stand: Aug. 2016, 123. Erg.-Lfg. München: C. H. Beck.

Carskadon, M.; Herz, R. (2004): Minimal Olfactory Perception During Sleep: Why Odor Alarms Will Not Work for Humans. In: SLEEP, Vol. 27, No. 3, 2004.

Cramer, C.: Horror Infernal – Die Wartung von Rauchwarnmeldern im Mietrecht. In: ZMR - Zeitschrift für Miet- und Raumrecht (2016/7), S. 505–513.

Fouad, Nabil A. (Hg.) (2016): Bauphysik Kalender 2016. Brandschutz. Berlin: Ernst & Sohn.

Freie und Hansestadt Hamburg (Hg.): Feuerwehr Hamburg - Jahresbericht 2016. Online verfügbar unter http://www.hamburg.de/service/313254/jahresberichte.

Fromm, E.; Schönberg, R.: Strafrechtliches Risiko des Eigentümers bei Unterlassen der Installation von Rauchwarnmeldern? In: IMR Immobilien- und Mietrecht 2012, S. 397–400.

Gemeinsamer Runderlass des Hessischen Ministeriums des Innern und für Sport (HMdIS) und des Hessischen Ministeriums für Soziales und Integration (HMSI) zur Festlegung der Einsatzstichworte für Brand-, Hilfeleistungs- und Rettungsdiensteinsätze vom 05.11.2015.

Gesamtverband der Deutschen Versicherungswirtschaft e. V. (GDV) (Hg.): Allgemeine Wohngebäude Versicherungsbedingungen (VGB 2010 – Wohnflächenmodell) Version 01.01.2013.

Groth, K.; Helm, M.: Pflicht zum Einbau von Rauchwarnmeldern nach der Änderung der Berliner Bauordnung. In: Das Grundeigentum (15/2016), S. 960f.

© Springer Fachmedien Wiesbaden GmbH, ein Teil von Springer Nature 2018
L. Inderthal, *Rechte und Pflichten beim Einbau und Betrieb von Rauchwarnmeldern*,
https://doi.org/10.1007/978-3-658-21769-3

Hannemann, T.; Achenbach, B. (2014): Münchener Anwalts-Handbuch Mietrecht. 4. überarb. und erw. Aufl. München: C. H. Beck.

Heintschel-Heinegg, B. (Hg.) (2017): Beck'scher Online-Kommentar StGB, 34. Edition, Stand: 01.05.2017. München: C. H. Beck.

Hornmann, G. (2011): Hessische Bauordnung. (HBO); Kommentar. 2. Aufl. München: C. H. Beck.

Inderthal, L. (2014): Fachkraft für Rauchwarnmelder. Praxiswissen und Prüfungsvorbereitung; mit dem Wortlaut der DIN 14676. 2. Aufl. Wiesbaden: Springer Vieweg.

Irsigler, Claus (2014): Rechtssicherheit für Gebäudebetreiber. Wiederkehrende Prüfungen. 1. Aufl. Beuth Verlag GmbH.

Kathrin Jarosch, Gesamtverband der Deutschen Versicherungswirtschaft e.V. (15.02.2013): Kleine Lebensretter - Rauchwarnmelder schützen Sie und Ihre Familie. ots. Online verfügbar unter http://www.presseportal.de/pm/39279/2416641.

Köstler, T.; Karsten, A.; Rost, M. (2011): Feuerwehreinsätze bei Bränden in Wohngebäuden. Ergebnis einer Leistungsanalyse. In: BrandSchutz - Deutsche Feuerwehr-Zeitung, S. 175.

Mayr, J.; Battran, L. (Hg.) (2017): Brandschutzatlas - DVD. Vers. 3/2017. Köln: FeuerTRUTZ Verlag für Brandschutzpublikationen.

Ministerium der Finanzen und Ministerium des Innern, für Sport und Infrastruktur Rheinland-Pfalz vom 5. März 2012: Rauchwarnmelderpflicht. Stichtag: 12. Juli 2012.

Ministerium für Verkehr, Bau und Landesentwicklung Mecklenburg-Vorpommern (Hg.): Rauchwarnmelder. Pflicht in bestehenden Wohnungen ab dem 1. Januar 2010, Juli 2009.

Pleß, G.; Seliger, U. (2007): Entwicklung von Kohlendioxid bei Bränden in Räumen. Forschungsbericht Nr. 145. Hg. v. Institut der Feuerwehr Sachsen-Anhalt.

Quapp, Ulrike (2014): Öffentliches Baurecht von A-Z. 2. Aufl.: Beuth Verlag GmbH.

Ridder, A. (2013): Methodische Ansätze zur datenbasiert-analytischen Risikobeurteilung zur strategischen Planung von Feuerwehren. 3. Magdeburger Brand- und Explosionsschutztag, 21.03.2013.

Schultz, Diethelm (2011): Der Einbau von Rauchwarnmeldern in Wohnungseigentumsanlagen. In: ZWE 2011, S. 21–25.

Schultz, D. (2014): Installation und Wartung von Rauchwarnmelder: Ausnahmen bei bereits installierten Geräten. zum Urteil des LG Braunschweig v. 7.2.2014 – 6 S 449/13. In: ZWE 2014, S. 323–325.

Statistische Ämter des Bundes und der Länder (2014): Gebäude- und Wohnungsbestand in Deutschland. Erste Ergebnisse der Gebäude- und Wohnungszählung 2011, Januar 2014.

Statistisches Bundesamt, Wiesbaden (2016): Gebäude und Wohnungen. Bestand an Wohnungen und Wohngebäuden 1969 - 2015.

Statistisches Bundesamt, Wiesbaden (2017): Todesursachen in Deutschland. 2015 (Fachserie 12 Reihe 4).

Stein, J. (2015): Qualitätskriterien für die Bedarfsplanung von Feuerwehren in Städten vom 16. September 1998, Fortschreibung vom 19. November 2015. Empfehlungen der Arbeitsgemeinschaft der Leiter der Berufsfeuer-wehren (AGBF). Hg. v. AGBF Bund im Deutschen Städtetag.

Steinau, H.: Der Tod kommt mit dem Rauch. In: BrandAktuell 2002 (13/02).

Wall, D.: Mietrechtliche Probleme beim Einbau von Rauchwarnmeldern. In: Wohnungswirtschaft und Mietrecht (WuM) 2013, S. 3–25.

Wieseler, H.; Teuchert, C.; Zajonz, S. (2016): Landesbauordnung Rheinland-Pfalz. Fassung 2015 mit Erläuterungen. 2. Aufl. Stuttgart: Kohlhammer Deutscher Gemeindeverlag.

Wilk, E.; Lessig, R.; Walther, R. (2011): Zum Nutzen häuslicher Rauchwarnmelder. In: vfdb Zeitschrift für Forschung, Technik und Management im Brandschutz (4/2011), S. 190–196.

Zentralverband Elektrotechnik- und Elektronikindustrie e.V., Frankfurt a. M. (Hg.): ZVEI-Merkblatt 33003:2009-08. Rauchwarnmelder (RWM) und Brandmeldeanlage (BMA) mit automatischen Brandmeldern – Ein Vergleich.

o. V. (2005): Kein staatlicher Zwang zur Installation von Rauchmeldern in Bestandsgebäuden (2005). In: NVwZ - Zeitschrift für Verwaltungsrecht (12), S. 1420–1422.

Rechtsquellenverzeichnis

Bauordnungen

Musterbauordnung (MBO) in der Fassung November 2002, zuletzt geändert durch Beschluss der Bauministerkonferenz vom 13.05.2016.

Landesbauordnung für Baden-Württemberg (LBO) in der Fassung vom 5. März 2010, zuletzt geändert durch Artikel 30 der Verordnung vom 23. Februar 2017 (GBl. S. 99, 103GBl. S. 99, 103.

Bayerische Bauordnung (BayBO) in der Fassung der Bekanntmachung vom 14. August 2007, die zuletzt durch § 3 des Gesetzes vom 24. Juli 2015 (GVBl. S. 296) geändert worden ist.

Bauordnung für Berlin (BauO Bln) vom 29. September 2005 (GVBl. S. 495), zuletzt geändert durch das dritte Gesetz zur Änderung der Bauordnung für Berlin vom 17. Juni 2016 (GVBL. S. 361).

Brandenburgische Bauordnung (BbgBO) vom 19. Mai 2016 (GVBl. I/16, Nr. 14).

Bremische Landesbauordnung vom 6. Oktober 2009, zuletzt geändert durch Art. 1 Abs. 1 Gesetzes vom 27. Mai 2014 (Brem.GBl. S. 263).

Hamburgische Bauordnung (HBauO) vom 14. Dezember 2005, zuletzt geändert durch Gesetz vom 17. Februar 2016 (HmbGVBl. S. 63).

Hessische Bauordnung (HBO) in der Fassung der Bekanntmachung vom 15. Januar 2011 (GVBl. I S. 46, 180), zuletzt geändert durch Gesetz vom 30. November 2015 (GVBl. S. 457).

Landesbauordnung Mecklenburg-Vorpommern (LBauO M-V) in der Fassung der Bekanntmachung vom 15. Oktober 2015 (GVOBl. M-V 2015, S. 344).

Niedersächsische Bauordnung (NBauO) vom 3. April 2012 (Nds. GVBl. S. 46).

Bauordnung für das Land Nordrhein-Westfalen (BauO NRW) in der Fassung der Bekanntmachung vom 1. März 2000, zuletzt geändert durch Artikel 2 des Gesetzes vom 20. Mai 2014 (GV. NRW S. 294).

Landesbauordnung Rheinland-Pfalz (LBauO) vom 24. November 1998, zuletzt geändert durch Artikel 1 des Gesetzes vom 15. Juni 2015 (GVBl. S. 77).

Landesbauordnung des Saarlandes (LBO) vom 18. Februar 2004, zuletzt geändert durch das Gesetz vom 15. Juli 2015 (Amtsbl. I S. 632).

Sächsische Bauordnung in der Fassung der Bekanntmachung vom 11. Mai 2016, die durch Artikel 3 des Gesetzes vom 10. Februar 2017 (Sächs-GVBl. S. 50) geändert worden ist.

Bauordnung des Landes Sachsen-Anhalt (BauO LSA) in der Fassung der Bekanntmachung vom 10. September 2013, zuletzt geändert durch Gesetz vom 28. September 2016 (GVBl. LSA S. 254).

Landesbauordnung für das Land Schleswig-Holstein (LBO) vom 22. Januar 2009, zuletzt geändert durch Art. 1 Gesetzes. vom 14. Juni 2016 (GVOBl. S. 369).

Thüringer Bauordnung (ThürBO) vom 13. März 2014, zuletzt geändert durch Gesetz vom 22. März 2016 (GVBl. S. 153).

© Springer Fachmedien Wiesbaden GmbH, ein Teil von Springer Nature 2018
L. Inderthal, *Rechte und Pflichten beim Einbau und Betrieb von Rauchwarnmeldern*,
https://doi.org/10.1007/978-3-658-21769-3

Normen

DIN 14011, 2010-06: Begriffe aus dem Feuerwehrwesen.

DIN 14676, 2012-09: Rauchwarnmelder für Wohnhäuser, Wohnungen und Räume mit woh-nungsähnlicher Nutzung - Einbau, Betrieb und Instandhaltung.

DIN 31051, 2012-09: Grundlagen der Instandhaltung.

EN 54-7, 2006-09: Brandmeldeanlagen - Teil 7: Rauchmelder - Punktförmige Melder nach dem Streulicht-, Durchlicht- oder Ionisationsprinzip.

EN 14604, 2005-02: Rauchwarnmelder.

vfdb-Richtlinie 14/01, 2009-10: Zusatzanforderungen für Rauchwarnmelder, Anforderungen und Prüfmethoden.

Sonstige Gesetze und Verordnungen

BauGB - Baugesetzbuch in der Fassung der Bekanntmachung vom 23. September 2004, zuletzt geändert durch das Gesetz vom 04.05.2017 (BGBl. I S. 1057).

BetrKV - Verordnung über die Aufstellung von Betriebskosten (Betriebskostenverordnung) in der Fassung vom 03.05.2012.

BewG - Bewertungsgesetz in der Fassung der Bekanntmachung vom 1. Februar 1991 (BGBl. I S. 230), das zuletzt durch Artikel 2 des Gesetzes vom 4. November 2016 (BGBl. I S. 2464) geändert worden ist.

BGB - Bürgerliches Gesetzbuch in der Fassung der Bekanntmachung vom 2. Januar 2002 (BGBl. I S. 42, 2909; 2003 I S. 738), das durch Artikel 1 des Gesetzes vom 28. April 2017 (BGBl. I S. 969) geändert worden ist.

GG - Grundgesetz für die Bundesrepublik Deutschland vom 23. Mai 1949 (BGBl. S. 1), zuletzt geändert durch Artikel 1 des Gesetzes vom 23.12.2014 (BGBl. I S. 2438).

HBKG - Hessisches Gesetz über den Brandschutz, die Allgemeine Hilfe und den Katastro-phenschutz (Hessisches Brand- und Katastrophenschutzgesetz) in der Fassung vom 14. Ja-nuar 2014.

ProdHaftG - Gesetz über die Haftung für fehlerhafte Produkte (Produkthaftungsgesetz) in der Fassung vom 15.12.1989.

VollzBekThürBO - Bekanntmachung des Ministeriums für Bau, Landesentwicklung und Ver-kehr zum Vollzug der Thüringer Bauordnung vom 3. April 2014.

Gesetzesmaterialien

Abgeordnetenhaus Berlin (Hg.) (2016): Drittes Gesetz zur Änderung der Bauordnung für Berlin. Vorlage zur Beschlussfassung, Drucksache 17/2713 vom 09.02.2016.

Bürgerschaft der Freien und Hansestadt Hamburg (Hg.) (2005): Drucksache 18/3230, Bericht des Stadtentwicklungsausschusses vom 02.12.2005.

Hessischer Landtag (Hg.) (2005): Plenarprotokoll 16/72, 16.Wahlperiode, 72. Sitzung, 09.06.2005.

Landtag Brandenburg (Hg.) (2015): Gesetz zur Novellierung der Brandenburgischen Bauordnung und zur Änderung des Landesimmissionsschutzgesetzes. Gesetzentwurf der Landesregierung, Drucksache 6/3268 vom 28.12.2015.

Landtag Rheinland-Pfalz (Hg.) (2003): Landesgesetz zur Änderung der Landes-bauordnung Rheinland-Pfalz (LBauO). Gesetzentwurf der Fraktion der SPD; Drucksache 14/2314 vom 03.07.2003.

Landtag Rheinland-Pfalz (Hg.) (2003): Plenarprotokoll 14/60, 14. Wahlperiode, 60. Sitzung, 10.12.2003.

Landtag Rheinland-Pfalz (Hg.) (2007): …tes Landesgesetz zur Änderung der Landesbauordnung Rheinland-Pfalz (LBauO). Gesetzentwurf der Fraktion der SPD; Drucksache 15/748 vom 31.01.2007.

Landtag Rheinland-Pfalz (Hg.) (2007): Plenarprotokoll 15/26, 15. Wahlperiode, 27. Sitzung, 27.06.2007.

Landtag Rheinland-Pfalz, Wissenschaftlicher Dienst (Hg.) (2007): Rauchmelder in Altbauwohnungen und Auswirkungen der geplanten Änderung der Landesbauordnung zur Installation von Rauchmeldern auch in bestehenden Wohnungen. Gutachten vom 30.03.2007, WD B/52-1550-1551.

Landtag von Sachsen-Anhalt (Hg.) (2009): Entwurf eines Gesetzes zur Änderung der Bauordnung des Landes Sachsen-Anhalt, Drucksache 5/2017 vom 10.06.2009. Gesetzentwurf der Landesregierung.

Rechtsprechungsverzeichnis

BGH, Urteil vom 08.02.2013, Aktenzeichen V ZR 238/11.

BGH, Urteil vom 17.06.2015, Aktenzeichen VIII ZR 290/14.

BGH, Urteil vom 09.10.2013, Aktenzeichen VIII ZR 318/12.

BVerfG (1. Senat), Urteil vom 08.07.1971, Aktenzeichen 1 BvR 766/66.

BVerwG, Urteil vom 10.10.2005, Aktenzeichen 4 B 60.05.

RhPfVerfGH, Urteil vom 05.07.2005, Aktenzeichen VGH B 28/04.

LG Braunschweig, Urteil vom 07.02.2014, Aktenzeichen 6 S 449/13.

LG Hagen - Westfalen, Urteil vom 04.03.2016, Aktenzeichen 1 S 198/15.

LG Karlsruhe, Urteil vom 18.12.2015, Aktenzeichen 11 S 49/15.

LG Magdeburg, Urteil vom 27.09.2011, Aktenzeichen 1 S 171/11.

AG Dortmund, Urteil vom 30.01.2017, Aktenzeichen 423 C 8482/16.

AG Düsseldorf, Urteil vom 11.01.2016, Aktenzeichen 290a C 192/15.

AG Hamburg-Altona, Urteil vom 07.09.2011, Aktenzeichen 316 C 241/11.

AG Hamburg-Barmbek, Urteil vom 29.11.2011, Aktenzeichen 814 C 125/11.

AG Hamburg-Blankenese, Urteil vom 26.06.2013, Aktenzeichen 531 C 125/13.

AG Hamburg-Wandsbek, Urteil vom 04.12.2013, Aktenzeichen 715 C 283/13.

AG Stuttgart, Urteil vom 26.10.2009, Aktenzeichen 33 C 3806/09.

© Springer Fachmedien Wiesbaden GmbH, ein Teil von Springer Nature 2018
L. Inderthal, *Rechte und Pflichten beim Einbau und Betrieb von Rauchwarnmeldern*,
https://doi.org/10.1007/978-3-658-21769-3

Anhang 1

Regelungen zur Ausstattungen mit Rauchwarnmeldern

Auszüge aus den Bauordnungen der Länder

(Stand: November 2017)
Alle Angaben sind ohne Gewähr.

© Springer Fachmedien Wiesbaden GmbH, ein Teil von Springer Nature 2018
L. Inderthal, *Rechte und Pflichten beim Einbau und Betrieb von Rauchwarnmeldern*,
https://doi.org/10.1007/978-3-658-21769-3

Baden-Württemberg

Einbaupflicht:

- für Neu- und Umbauten   ab 23.07.2013
- für bestehende Wohnungen ab 23.07.2013 (Übergangsfrist bis 31.12.2014)

Mindestens ein Rauchwarnmelder ist einzubauen in allen:

- Aufenthaltsräumen, in denen bestimmungsgemäß Personen schlafen
- Rettungswege von solchen Aufenthaltsräumen in derselben Nutzungseinheit

Verantwortlich:

- für den Einbau: Eigentümer
- für die Betriebsbereitschaft: Besitzer (bei Mietwohnungen = Mieter)

Gesetzliche Grundlage:

Mit dem Gesetz zur Änderung der Landesbauordnung wird dem § 15 folgender Absatz 7 angefügt:

(7) [1]Aufenthaltsräume, in denen bestimmungsgemäß Personen schlafen, sowie Rettungswege von solchen Aufenthaltsräumen in derselben Nutzungseinheit sind jeweils mit mindestens einem Rauchwarnmelder auszustatten. [2]Die Rauchwarnmelder müssen so eingebaut oder angebracht werden, dass Brandrauch frühzeitig erkannt und gemeldet wird. [3]Eigentümerinnen und Eigentümer bereits bestehender Gebäude sind verpflichtet, diese bis zum 31. Dezember 2014 entsprechend auszustatten. [4]Die Sicherstellung der Betriebsbereitschaft obliegt den unmittelbaren Besitzern, es sei denn, der Eigentümer übernimmt die Verpflichtung selbst.

Das Gesetz ist am 23.07.2013, dem Tag nach seiner Verkündung im Gesetzblatt für Baden-Württemberg (Nr. 10/2013, S. 209, 22.07.2013), in Kraft getreten.

Anmerkung:

Im Absatz 7 des §15 LBO-BW ist formuliert:

"Aufenthaltsräume, in denen bestimmungsgemäß Personen schlafen, [...] sind jeweils mit mindestens einem Rauchwarnmelder auszustatten. [...]".

Im Gegensatz zu den Formulierungen in den Bauordnungen anderer Bundesländer sind hier nicht explizit „Schlafräume" genannt. Ebenfalls abweichend zu den Bauordnungen der Bundesländer ist die Verpflichtung zur Ausstattung mit Rauchwarnmeldern nicht in dem die Wohnung betreffenden Abschnitt, sondern im §15 – Brandschutz – enthalten.

Die Rauchmelderpflicht in Baden-Württemberg betrifft daher nicht ausschließlich Wohnungen, sondern erstmals werden auch Pflegeeinrichtungen, Hotels, Kindergärten (mit Schlafräumen) usw. zum Einbau von Rauchwarnmeldern verpflichtet.

Bayern

Einbaupflicht:

- für Neu- und Umbauten   ab 01.01.2013
- für bestehende Wohnungen ab 01.01.2013 (Übergangsfrist bis 31.12.2017)

Mindestens ein Rauchwarnmelder ist einzubauen in allen:

- Schlafräumen
- Kinderzimmern
- Fluren, die zu Aufenthaltsräumen führen

Verantwortlich:

- für den Einbau: Eigentümer
- für die Betriebsbereitschaft: Besitzer (bei Mietwohnungen = Mieter)

Gesetzliche Grundlage:

Mit dem „Gesetz zur Änderung der Bayerischen Bauordnung und des Baukammerngesetzes" vom 11.12.2012 wurde dem Art. 46 BayBO (Wohnungen) folgender Absatz zugefügt:

(4) [1]In Wohnungen müssen Schlafräume und Kinderzimmer sowie Flure, die zu Aufenthaltsräumen führen, jeweils mindestens einen Rauchwarnmelder haben. [2]Die Rauchwarnmelder müssen so eingebaut oder angebracht und betrieben werden, dass Brandrauch frühzeitig erkannt und gemeldet wird. [3]Die Eigentümer vorhandener Wohnungen sind verpflichtet, jede Wohnung bis zum 31. Dezember 2017 entsprechend auszustatten. [4]Die Sicherstellung der Betriebsbereitschaft obliegt den unmittelbaren Besitzern, es sei denn, der Eigentümer übernimmt diese Verpflichtung selbst.

Die Gesetzesänderung wurde am 17.12.2012 im Bayerisches Gesetz- und Verordnungsblatt Nr. 23/2012 (S. 633ff) bekanntgeben. Die Gesetzesänderung trat in Bezug auf Art. 46 BayBO am 1. Januar 2013 in Kraft.

Damit ist der Einbau von Rauchwarnmeldern in Bayern ab dem 01.01.2013 in Neubauten gesetzlich verpflichtend. Für die Nachrüstung bestehender Wohnungen läuft eine Übergangsfrist bis 31.12.2017.

Berlin

Einbaupflicht:

- für Neu- und Umbauten   ab 01.01.2017
- für bestehende Wohnungen ab 01.01.2017 (Übergangsfrist bis 31.12.2020)

Mindestens ein Rauchwarnmelder ist einzubauen in allen:

- Aufenthaltsräumen, ausgenommen Küchen
- Fluren, über die Rettungswege von Aufenthaltsräumen führen

Verantwortlich:

- für den Einbau: Eigentümer (siehe Anmerkung)
- für die Betriebsbereitschaft: Mieter oder sonstige Nutzungsberechtigte

Gesetzliche Grundlage:

Mit dem „Dritten Gesetz zur Änderung der Bauordnung für Berlin" vom 17.06.2016 wurde dem § 48 BauO Bln (Wohnungen) der folgenden Absatz 4 zugefügt:

(4) [1]In Wohnungen müssen

1. Aufenthaltsräume, ausgenommen Küchen, und

2. Flure, über die Rettungswege von Aufenthaltsräumen führen,

jeweils mindestens einen Rauchwarnmelder haben. [2]Die Rauchwarnmelder müssen so eingebaut oder angebracht und betrieben werden, dass Brandrauch frühzeitig erkannt und gemeldet wird. [3]Bestehende Wohnungen sind bis zum 31. Dezember 2020 entsprechend auszustatten. [4]Die Sicherstellung der Betriebsbereitschaft obliegt den Mietern oder sonstigen Nutzungs-berechtigten, es sei denn, die Eigentümerin oder der Eigentümer übernimmt diese Verpflichtung selbst.

Das Gesetz wurde im Gesetz- und Verordnungsblatt für Berlin (72. Jahrgang, Nr. 16 vom 28.06.2016) veröffentlicht und trat gemäß Artikel 3 des Gesetzes am 1. Januar 2017 in Kraft.

Anmerkungen:

Anders als in den meisten anderen Bundesländern, ist in Berlin der Einbau von Rauchwarnmeldern auch in den Räumen vorgesehen, in denen nicht bestimmungsgemäß Personen schlafen – neben Schlaf- und Kinderzimmer sowie Fluren also auch in Wohnzimmern, Arbeitszimmern usw. Ausgenommen sind Küchen sowie Bäder und Toiletten (letztere gelten nicht als Aufenthaltsräume im Sinne der Bauordnung).

Der BauO Bln kann keine Regelung zur Verantwortlichkeit für die Nachrüstung von Rauchwarnmeldern in bestehenden Wohnungen entnommen werden. Der §48 Abs. 4 beschreibt lediglich den Zustand, der am Ende der Übergangsfrist hergestellt sein muss, nicht aber wer dafür verantwortlich ist. Allgemein wird davon ausgegangen, dass die Nachrüstung von Rauchwarnmeldern in Berlin den Eigentümern obliegt. Explizit geregelt ist dagegen, dass Mieter oder andere Nutzungsberechtigte für die Sicherstellung der Betriebsbereitschaft der Rauchwarnmelder verantwortlich sind.

Brandenburg

Einbaupflicht:

- für Neu- und Umbauten   ab 01.07.2016
- für bestehende Wohnungen ab 01.07.2016 (Übergangsfrist bis 31.12.2020)

Mindestens ein Rauchwarnmelder ist einzubauen in allen:

- Aufenthaltsräumen, ausgenommen Küchen
- Fluren, über die Rettungswege von Aufenthaltsräumen führen

Verantwortlich:

- für den Einbau: Eigentümer (siehe Anmerkung)
- für die Betriebsbereitschaft: Eigentümer (siehe Anmerkung)

Gesetzliche Grundlage:

Mit dem „Gesetz zur Novellierung der Brandenburgischen Bauordnung und zur Änderung des Landesimmissionsschutzgesetzes" vom 28.12.2015 (Drucksache 6/3268)
wurde dem § 48 BbgBO (Wohnungen) der folgenden Absatz 4 zugefügt:

(4) In Wohnungen müssen

1. Aufenthaltsräume, ausgenommen Küchen, und

2. Flure, über die Rettungswege von Aufenthaltsräumen führen,

*jeweils mindestens einen Rauchwarnmelder haben. Die Rauchwarnmelder
müssen so eingebaut oder angebracht und betrieben werden, dass Brandrauch frühzeitig erkannt und gemeldet wird. Bestehende Wohnungen sind
bis zum 31. Dezember 2020 entsprechend auszustatten.*

Das Gesetz wurde im Gesetz- und Verordnungsblatt für das Land Brandenburg (GVBl.
Teil I - Nr. 14 vom 20.05.2016) veröffentlicht und trat gemäß Artikel 3 des Gesetzes am
1. Juli 2016 in Kraft.

Anmerkungen:

Anders als in anderen Bundesländern, ist in Brandenburg der Einbau von Rauchwarnmeldern auch in den Räumen vorgesehen, in denen nicht bestimmungsgemäß Personen schlafen – neben Schlaf- und Kinderzimmer sowie Fluren also auch in Wohnzimmern, Arbeitszimmern usw. Ausgenommen sind Küchen sowie Bäder und Toiletten
(letztere gelten nicht als Aufenthaltsräume im Sinne der Bauordnung).

Der BbgBO kann keine Regelung zur Verantwortlichkeit für die Nachrüstung von Rauchwarnmeldern in bestehenden Wohnungen entnommen werden. Der §48 Abs. 4 beschreibt lediglich den Zustand, der am Ende der Übergangsfrist hergestellt sein muss,
nicht aber wer dafür verantwortlich ist. Allgemein wird davon ausgegangen, dass die
Nachrüstung von Rauchwarnmeldern in Brandenburg dem Eigentümer obliegt. Hat der
Eigentümer die Geräte eingebaut, ist er auch für die Inspektion und Wartung zuständig,
wenn nichts anderes geregelt ist.

Bremen

Einbaupflicht:

- für Neu- und Umbauten   ab 01.05.2010
- für bestehende Wohnungen ab 01.05.2010 (Übergangsfrist bis 31.12.2015)

Mindestens ein Rauchwarnmelder ist einzubauen in allen:
- Schlafräumen
- Kinderzimmern
- Fluren, die zu Aufenthaltsräumen führen

Verantwortlich:
- für den Einbau: Eigentümer
- für die Betriebsbereitschaft: Besitzer (bei Mietwohnungen = Mieter)

Gesetzliche Grundlage:

Mit dem Gesetz zur Änderung der BremBauO vom 6. Oktober wurde der §48 (Wohnungen) um den folgenden Absatz 4 ergänzt:

(4) [1]In Wohnungen müssen Schlafräume und Kinderzimmer sowie Flure, über die Rettungswege von Aufenthaltsräumen führen, jeweils mindestens einen Rauchwarnmelder haben. [2]Die Rauchwarnmelder müssen so eingebaut und betrieben werden, dass Brandrauch frühzeitig erkannt und gemeldet wird. [3]Die Eigentümer vorhandener Wohnungen sind verpflichtet, jede Wohnung bis zum 31.12.2015 entsprechend auszustatten. [4]Die Sicherstellung der Betriebsbereitschaft obliegt den unmittelbaren Besitzern, es sei denn, der Eigentümer übernimmt diese Verpflichtung selbst.

Das Gesetz wurde im Gesetzblatt der Freien Hansestadt Bremen (2009, Nr. 54, vom 16.10.2009, S. 401) veröffentlicht und ist nach Artikel 3 des Gesetzes am 1. Mai 2010 in Kraft getreten.

Hamburg

Einbaupflicht:

- für Neu- und Umbauten   ab 01.04.2006
- für bestehende Wohnungen ab 01.04.2006 (Übergangsfrist bis 31.12.2010)

Mindestens ein Rauchwarnmelder ist einzubauen in allen:

- Schlafräumen
- Kinderzimmern
- Flure, über die Rettungswege von Aufenthaltsräumen führen

Verantwortlich:

- für den Einbau: Eigentümer (siehe Anmerkung)
- für die Betriebsbereitschaft: Eigentümer (siehe Anmerkung)

Gesetzliche Grundlage:

Von der hamburgischen Bürgerschaft wurde die Änderung der Hamburgischen Bauordnung (HBauO) mit der folgenden Ergänzung des Absatz 6 zu §45 (Wohnungen) beschlossen und am 14. Dezember 2005 vom Senat ausgefertigt:

(6) [1]In Wohnungen müssen Schlafräume, Kinderzimmer und Flure, über die Rettungswege von Aufenthaltsräumen führen, jeweils mindestens einen Rauchwarnmelder haben. [2]Die Rauchwarnmelder müssen so eingebaut und betrieben werden, dass Brandrauch frühzeitig erkannt und gemeldet wird. [3]Vorhandene Wohnungen sind bis zum 31. Dezember 2010 mit Rauchwarnmeldern auszurüsten.

Die Gesetzesänderung wurde im Hamburgischen Gesetz- und Verordnungsblatt (HmbGVBl. Nr. 44 vom 27.12.2005, S. 525) veröffentlicht und ist am ersten Tage des vierten auf die Verkündung folgenden Monats in Kraft getreten – das war am 1. April 2006.

Anmerkung:

Der HBauO kann keine Regelung zur Verantwortlichkeit zur Nachrüstung entnommen werden. Der §54 Abs. 6 beschreibt lediglich den Zustand, der am Ende der Übergangsfrist hergestellt sein muss, nicht aber wer dafür verantwortlich ist. Allgemein wird davon ausgegangen, dass die Nachrüstung von Rauchwarnmeldern in Hamburg dem Eigentümer obliegt. Hat der Eigentümer die Geräte eingebaut, ist er auch für die Inspektion und Wartung zuständig, wenn nichts anderes geregelt ist.

Hessen

Einbaupflicht:

- für Neu- und Umbauten ab 24.06.2005
- für bestehende Wohnungen ab 24.06.2005 (Übergangsfrist bis 31.12.2014)

Mindestens ein Rauchwarnmelder ist einzubauen in allen:

- Schlafräumen
- Kinderzimmern
- Fluren, über die Rettungswege von Aufenthaltsräumen führen

Verantwortlich:

- für den Einbau: Eigentümer
- für die Betriebsbereitschaft: Besitzer (bei Mietwohnungen = Mieter)

Gesetzliche Grundlage:

Mit der Änderung der Hessischen Bauordnung (HBO) vom 20. Juni 2005 wurde der §13, Abs. 5 wie folgt ergänzt:

(5)[1]In Wohnungen müssen Schlafräume und Kinderzimmer sowie Flure, über die Rettungswege von Aufenthaltsräumen führen, jeweils mindestens einen Rauchwarnmelder haben. [2]Die Rauchwarnmelder müssen so eingebaut oder angebracht und betrieben werden, dass Brandrauch frühzeitig erkannt und gemeldet wird. [3]Bestehende Wohnungen sind bis zum 31. Dezember 2014 entsprechend auszustatten.

Die Gesetzesänderung ist am 24.06.2005 mit der Bekanntmachung im Gesetz- und Verordnungsblatt für das Land Hessen (GVBl. I S. 434) in Kraft getreten.

In einer weiteren Änderung vom 15. Januar 2011 (GVBl. I S. 46, 180) wurde §13, Abs. 5 um die Festlegung der Verantwortung für den Einbau und die Sicherstellung der Betriebsbereitschaft ergänzt:

*(5) [1]In Wohnungen müssen Schlafräume und Kinderzimmer sowie Flure, über die Rettungswege von Aufenthaltsräumen führen, jeweils mindestens einen Rauchwarnmelder haben. [2]Die Rauchwarnmelder müssen so eingebaut oder angebracht und betrieben werden, dass Brandrauch frühzeitig erkannt und gemeldet wird. [3]**Die Eigentümerinnen und Eigentümer vorhandener Wohnungen sind verpflichtet,** jede Wohnung bis zum 31. Dezember 2014 entsprechend auszustatten. [4]**Die Sicherstellung der Betriebsbereitschaft obliegt den unmittelbaren Besitzerinnen und Besitzern, es sei denn, die Eigentümerinnen oder die Eigentümer haben diese Verpflichtung übernommen.***

Ergänzend zur HBO hat das Hessische Ministerium für Wirtschaft, Verkehr und Landesentwicklung in den Handlungsempfehlungen zur Hessischen Bauordnung (HE-HBO, Stand 01.10.2014) den § 13, Abs. 5 näher definiert:

13.5   *Die geforderten Rauchwarnmelder dienen ausschließlich dazu Menschen, insbesondere während des Schlafs zu warnen, die sich in einer von einem Brand betroffenen Wohnung aufhalten. Rauchwarnmelder sind weder geeignet, noch dazu bestimmt, Sachwerte zu schützen oder einer Brandausbreitung vorzubeugen.*

13.5.1   *Die in Satz 1 enthaltene Pflicht, in Wohnungen Schlafräume und Kinderzimmer sowie Flure, über die Rettungswege von Aufenthaltsräumen führen, mit jeweils mindestens einem Rauchwarnmelder auszustatten, bezieht sich nur auf Wohnungen. Bei Sonderbauten können Anforderungen in Sonderbauvorschriften enthalten sein oder im Einzelfall auf Grund des § 45 Abs. 2 Nr. 5 gestellt werden.*

13.5.2   *Rauchwarnmelder sind Bauprodukte. Für Einbau, Betrieb und Instandsetzung von Rauchwarnmeldern wird auf die DIN 14676 (Ausgabe August 2006) als nationale Anwendungsnorm hingewiesen. Die technischen Anforderungen sind in der Produktnorm DIN EN 14604 (Fassung Februar 2009) geregelt.*

13.5.3   *Nach Satz 3 sind bestehende Wohnungen bis zum 31. Dezember 2014 entsprechend auszustatten.*

         Auch wenn wegen der Übergangsregelung Wohnungen erst bis zum 31. Dezember 2014 entsprechend auszustatten sind, wird eine vorherige Nachrüstung empfohlen.

13.5.4   *Mit der Änderung vom 25.11.2010 wurde geregelt, wer für Einbau, Wartung und Instandhaltung der Rauchwarnmelder verantwortlich ist. So sind in der Regel die Mieterinnen und Mieter und nur im Falle von selbstgenutztem Eigentum oder wenn Eigentümer ausdrücklich die Pflichten der Mieter übernehmen, die Eigentümer für die Betriebsbereitschaft verantwortlich.*

Mecklenburg-Vorpommern

Einbaupflicht:

- für Neu- und Umbauten   ab 01.09.2006
- für bestehende Wohnungen ab 01.09.2006 (Übergangsfrist bis 31.12.2009)

Mindestens ein Rauchwarnmelder ist einzubauen in allen:

- Schlafräumen
- Kinderzimmern
- Flure, über die Rettungswege von Aufenthaltsräumen führen

Verantwortlich:

- für den Einbau in Neubauten: Bauherr
- für die Nachrüstung: Eigentümer (siehe Anmerkung)
- für die Betriebsbereitschaft: Eigentümer (siehe Anmerkung)

Gesetzliche Grundlage:

Mit dem Gesetz zur Neugestaltung der Landesbauordnung vom 18. April 2006 wurde der §48 (Wohnungen) um den folgenden Absatz 4 ergänzt:

(4) [1]In Wohnungen müssen Schlafräume und Kinderzimmer sowie Flure, über die Rettungswege von Aufenthaltsräumen führen, jeweils mindestens einen Rauchwarnmelder haben. [2]Die Rauchwarnmelder müssen so eingebaut oder angebracht und betrieben werden, dass Brandrauch frühzeitig erkannt und gemeldet wird. [3]~~Bestehende Wohnungen sind bis zum 31. Dezember 2009 durch den Besitzer entsprechend auszustatten.~~

Die Gesetzesänderung ist am 1. September 2006 in Kraft getreten.

Der Satz 3 des §48 Absatz 4 ist in der Fassung der Bekanntmachung vom 15. Oktober 2015 (GVOBl. M-V S. 344) entfallen.

Anmerkung:

Durch den Wegfall des Satzes 3 in § 48 Absatz 4 ist die vorher eindeutige Regelung entfallen, wer für die Nachrüstung bestehender Wohnungen mit Rauchwarnmeldern zuständig ist. In der Begründung zur Änderung der am 15.10.2015 veröffentlichten Fassung der Landesbauordnung heißt es: *„Die Vorschrift des Satzes 3 a. F. läuft ins Leere, da die Nachrüstpflicht bereits zum 31. Dezember 2009 ausgelaufen ist.“*

Aufgrund fehlender Regelung muss jetzt davon ausgegangen werden, dass die Nachrüstung von Rauchwarnmeldern dem Eigentümer obliegt. Hat der Eigentümer die Geräte eingebaut, ist er auch für die Inspektion und Wartung zuständig, wenn nichts anderes geregelt ist.

Niedersachsen

Einbaupflicht:

- für Neu- und Umbauten   ab 13.04.2012
- für bestehende Wohnungen ab 13.04.2012 (Übergangsfrist bis 31.12.2015)

Mindestens ein Rauchwarnmelder ist einzubauen in allen:

- Schlafräumen
- Kinderzimmern
- Fluren, über die Rettungswege von Aufenthaltsräumen führen

Verantwortlich:

- für den Einbau: Eigentümer
- für die Betriebsbereitschaft: Besitzer (bei Mietwohnungen = Mieter)

Gesetzliche Grundlage:

Mit der Änderung der Niedersächsischen Bauordnung (NBauO) vom 3. April 2012 wurde der § 44 (Wohnungen), Abs. 5 wie folgt ergänzt:

(5)[1]In Wohnungen müssen Schlafräume und Kinderzimmer sowie Flure, über die Rettungswege von Aufenthaltsräumen führen, jeweils mindestens einen Rauchwarnmelder haben. [2]Die Rauchwarnmelder müssen so eingebaut oder angebracht und betrieben werden, dass Brandrauch frühzeitig erkannt und gemeldet wird. [3]In Wohnungen, die bis zum 31. Oktober 2012 errichtet oder genehmigt sind, hat die Eigentümerin oder der Eigentümer die Räume und Flure bis zum 31. Dezember 2015 entsprechend den Anforderungen nach den Sätzen 1 und 2 auszustatten. [4]Für die Sicherstellung der Betriebsbereitschaft der Rauchwarnmelder in den in Satz 1 genannten Räumen und Fluren sind die Mieterinnen und Mieter, Pächterinnen und Pächter, sonstige Nutzungsberechtigte oder andere Personen, die die tatsächliche Gewalt über die Wohnung ausüben, verantwortlich, es sei denn, die Eigentümerin oder der Eigentümer übernimmt diese Verpflichtung selbst. [5]§ 56 Satz 2 gilt entsprechend.

Im vorgenannten § 56 (Verantwortlichkeit für den Zustand der Anlagen und Grundstücke), Satz 2 steht:

Erbbauberechtigte treten an die Stelle der Eigentümer.

Die Gesetzesänderung ist in Bezug auf die Regelungen zu Rauchwarnmeldern am 13.04.2012 mit der Bekanntmachung im Gesetz- und Verordnungsblatt für das Land Niedersachsen (GVBl. 05 / 2012, S. 46) in Kraft getreten.

Nordrhein-Westfalen

Einbaupflicht:

- für Neu- und Umbauten   ab 01.04.2013
- für bestehende Wohnungen ab 01.04.2013 (Übergangsfrist bis 31.12.2016)

Mindestens ein Rauchwarnmelder ist einzubauen in allen:

- Schlafräumen
- Kinderzimmern
- Fluren, über die Rettungswege von Aufenthaltsräumen führen

Verantwortlich:

- für den Einbau: Eigentümer
- für die Betriebsbereitschaft: Besitzer (bei Mietwohnungen = Mieter)

Gesetzliche Grundlage:

Mit der Änderung der Landesbauordnung NRW vom 20.03.2013 wurde der § 49[1] (Wohnungen), durch den folgenden Absatz 7 ergänzt:

(7) [1]In Wohnungen müssen Schlafräume und Kinderzimmer sowie Flure, über die Rettungswege von Aufenthaltsräumen führen, jeweils mindestens einen Rauchwarnmelder haben. [2]Dieser muss so eingebaut oder angebracht und betrieben werden, dass Brandrauch frühzeitig erkannt und gemeldet wird. [3]Wohnungen, die bis zum 31.03.2013 errichtet oder genehmigt sind, haben die Eigentümer spätestens bis zum 31. Dezember 2016 entsprechend den Anforderungen nach den Sätzen 1 und 2 auszustatten. [4]Die Betriebsbereitschaft der Rauchwarnmelder hat der unmittelbare Besitzer sicherzustellen, es sei denn, der Eigentümer hat diese Verpflichtung bis zum 31.03.2013 selbst übernommen.

Die Änderung wurde im Gesetz- und Verordnungsblatt NRW (Ausgabe 2013 Nr. 8 vom 28.3.2013, S. 142) veröffentlich und ist am 01. April 2013 in Kraft getreten.

Anmerkung:

Im Gegensatz zu Formulierungen in den Bauordnungen anderer Länder musste der Eigentümer (Vermieter) die Verpflichtung zur „Sicherstellung der Betriebsbereitschaft" vor Inkrafttreten der Gesetzesänderung (also bis zum 31.03.2013) übernehmen, wenn er nicht will, dass der Besitzer (Mieter) für diese zuständig sein soll. In anderen Bundesländern kann der Vermieter die Verpflichtung auch zu einem späteren Zeitpunkt freiwillig übernehmen (zum Beispiel wenn er feststellt, dass der Mieter der Aufgabe nur unzureichend nachkommt).

---

[1]   Nach der im Dezember 2016 verkündeten Änderung der Landesbauordnung NRW findet sich die wortgleiche Formulierung in § 48 Abs. 8. Die Änderung tritt im Dezember 2017 in Kraft.

Rheinland-Pfalz

Einbaupflicht:

- für Neu- und Umbauten   ab 31.12.2003
- für bestehende Wohnungen ab 12.07.2007 (Übergangsfrist bis 11.07.2012)

Mindestens ein Rauchwarnmelder ist einzubauen in allen:

- Schlafräumen
- Kinderzimmern
- Fluren, über die Rettungswege von Aufenthaltsräumen führen

Verantwortlich:

- für den Einbau: Eigentümer (siehe Anmerkung)
- für die Betriebsbereitschaft: Eigentümer (siehe Anmerkung)

Gesetzliche Grundlage:

Rheinland-Pfalz hat als erstes Bundesland bereits im Jahre 2003 eine Verpflichtung zum Einbau von Rauchwarnmeldern in das Baurecht aufgenommen. Mit der Änderung der Landesbauordnung Rheinland-Pfalz vom 22.12.2003 (verkündet am 30.12.2003 im Gesetz- und Verordnungsblatt für das Land Rheinland-Pfalz 2003, Nr. 19, S. 396) ist der Einbau in Neubauten und umfangreichen Umbauten seit 31.12.2003 erforderlich.

Mit dem „Zweiten Landesgesetz zur Änderung der Landesbauordnung Rheinland-Pfalz (LBauO)" vom 04.07.2007 wurde die Rauchmelderpflicht mit einer Übergangsfrist von fünf Jahren auf bestehende Wohnungen ausgeweitet.

Nach dieser Änderung lautet der § 44 (Wohnungen), Abs. 8 in der aktuellen Fassung:

(8) [1]In Wohnungen müssen Schlafräume und Kinderzimmer sowie Flure, über die Rettungswege von Aufenthaltsräumen führen, jeweils mindestens einen Rauchwarnmelder haben. [2]Die Rauchwarnmelder müssen so eingebaut und betrieben werden, dass Brandrauch frühzeitig erkannt und gemeldet wird. [3]Bestehende Wohnungen sind in einem Zeitraum von fünf Jahren nach Inkrafttreten dieses Gesetzes entsprechend auszustatten.

Die Gesetzesänderung ist mit der Bekanntmachung im Gesetz- und Verordnungsblatt für das Land Rheinland-Pfalz 2007 (Nr. 8, S. 105) am 12.07.2007 in Kraft getreten.

<u>Anmerkung</u>

In der LBauO RP ist keine explizite Aussage enthalten, wer für den Einbau und die „Sicherstellung der Betriebsbereitschaft" der Rauchwarnmelder verantwortlich ist.

In einem Rundschreiben des Ministeriums der Finanzen vom 05.03.2012 heißt es dazu im letzten Absatz:

Wer muss die Rauchwarnmelderpflicht erfüllen?

Verantwortlich für den Einbau der Rauchwarnmelder sind die Eigentümer der Wohnungen. Sie sind auch für die Wirksamkeit und Betriebssicherheit der Melder verantwortlich, die durch wiederkehrende Prüfungen und regelmäßige Instandsetzungen zu gewährleisten sind (Vorgaben und Hinweise hierzu siehe Bedienungsanleitung des Geräts). Eine Übertragung dieser Aufgaben auf die Wohnungsnutzer (Mieter) müsste vertraglich vereinbart werden.

Saarland

Einbaupflicht:

- für Neu- und Umbauten   ab 01.06.2004
- für bestehende Wohnungen ab 04.09.2015 (Übergangsfrist bis 31.12.2016)

Mindestens ein Rauchwarnmelder ist einzubauen in allen:

- Schlafräumen
- Kinderzimmern
- Fluren, über die Rettungswege von Aufenthaltsräumen führen

Verantwortlich:

- für den Einbau: Eigentümer
- für die Betriebsbereitschaft: Besitzer (bei Mietwohnungen = Mieter)

Gesetzliche Grundlage:

In dem Gesetz zur Änderung der Landesbauordnung vom 19. Mai 2004 wurde der §46
(Wohnungen) um den Absatz 4 (Sätze 1 und 2) ergänzt. Die Sätze 3 und 4 wurden mit
der Änderung der Landesbauordnung vom 15. Juli 2015 zugefügt.

*(4) [1]In Wohnungen müssen Schlafräume und Kinderzimmer sowie Flure,
über die Rettungswege von Aufenthaltsräumen führen, jeweils mindestens
einen Rauchwarnmelder haben. [2]Die Rauchwarnmelder müssen so eingebaut oder angebracht und betrieben werden, dass Brandrauch frühzeitig erkannt und gemeldet wird. [3]Die Eigentümerinnen und Eigentümer vorhandener Wohnungen sind verpflichtet, jede Wohnung bis zum 31. Dezember 2016
entsprechend auszustatten. [4]Die Sicherstellung der Betriebsbereitschaft obliegt den unmittelbaren Besitzerinnen und Besitzern, es sei denn, die Eigentümerin oder der Eigentümer übernimmt diese Verpflichtung selbst.*

Die Änderung der Landesbauordnung mit den Sätzen 1 und 2 gilt seit 1. Juni 2004. Die
Ergänzung der Sätze 3 und 4 wurde im Amtsblatt des Saarlandes Teil I vom 3. September 2015 (S. 632) veröffentlicht und ist am 4. September 2015 in Kraft getreten.

Sachsen

Einbaupflicht:

- für Neu- und Umbauten   ab 01.01.2016
- für bestehende Wohnungen keine Regelung

Mindestens ein Rauchwarnmelder ist einzubauen in allen:

- Aufenthaltsräumen, in denen bestimmungsgemäß Personen schlafen
- Fluren, die zu diesen Aufenthaltsräumen führen

Verantwortlich:

- für den Einbau: Eigentümer
- für die Betriebsbereitschaft: Besitzer (bei Mietwohnungen = Mieter)

Gesetzliche Grundlage:

Mit dem „Zweiten Gesetz zur Änderung der Sächsischen Bauordnung" wird dem § 47 (Aufenthaltsräume) folgender Absatz 4 angefügt:

(4) ¹Aufenthaltsräume, in denen bestimmungsgemäß Personen schlafen, und Flure, die zu diesen Aufenthaltsräumen führen, sind jeweils mit mindestens einem Rauchwarnmelder auszustatten, soweit nicht für solche Räume eine automatische Rauchdetektion und angemessene Alarmierung sichergestellt sind. ²Die Rauchwarnmelder müssen so eingebaut oder angebracht und betrieben werden, dass Brandrauch frühzeitig erkannt und gemeldet wird. ³Die Sicherstellung der Betriebsbereitschaft obliegt den unmittelbaren Besitzern, es sei denn, der Eigentümer übernimmt diese Verpflichtung selbst.

Das Gesetz ist am 01.01.2016, dem Tag nach seiner Verkündung im Sächsischen Gesetz- und Verordnungsblatt (Nr. 16/2015, S. 670, 31.12.2015), in Kraft getreten.

Anmerkung:

Im neuen Absatz 4 des §47 SächsBO ist formuliert:

"Aufenthaltsräume, in denen bestimmungsgemäß Personen schlafen, [...]".

Im Gegensatz zu den Formulierungen in den Bauordnungen anderer Bundesländer sind hier nicht explizit „Schlafräume" genannt. Ebenfalls abweichend zu den Bauordnungen der meisten Bundesländer ist die Verpflichtung zur Ausstattung mit Rauchwarnmeldern nicht in dem die „Wohnung" betreffenden § 48, sondern im § 7 – Aufenthaltsräume – enthalten.

Die Rauchmelderpflicht in Sachsen betrifft daher nicht ausschließlich Wohnungen und Wohnhäuser, sondern es werden auch Pflegeeinrichtungen, Hotels, Kindergärten (mit Schlafräumen) usw. zum Einbau von Rauchwarnmeldern verpflichtet, wenn diese nicht bereits über eine Brandmeldeanlage verfügen bzw. eine solche Einrichtung vorgesehen ist.

Sachsen-Anhalt

Einbaupflicht:

- für Neu- und Umbauten   ab 15.03.2006
- für bestehende Wohnungen ab 15.03.2006 (Übergangsfrist bis 31.12.2015)

Mindestens ein Rauchwarnmelder ist einzubauen in allen:

- Schlafräumen
- Kinderzimmern
- Flure, über die Rettungswege aus Aufenthaltsräumen führen

Verantwortlich:

- für den Einbau: Eigentümer (siehe Anmerkung)
- für die Betriebsbereitschaft: Eigentümer (siehe Anmerkung)

Gesetzliche Grundlage:

Der Landtag Sachsen-Anhalt hat mit dem „Gesetz zur Änderung der Landesbauord-nung Sachsen-Anhalt vom 16.12.2009" die Ergänzung der BauO LSA um §47 Absatz 4 (Wohnungen) beschlossen:

(4) [1]In Wohnungen müssen Schlafräume und Kinderzimmer sowie Flure, über die Rettungswege aus Aufenthaltsräumen führen, jeweils mindestens einen Rauchwarnmelder haben. [2]Die Rauchwarnmelder müssen so ange-bracht und betrieben werden, dass Brandrauch frühzeitig erkannt und ge-meldet wird. Bestehende Wohnungen sind bis zum 31. Dezember 2015 dem-entsprechend auszustatten.

Das Gesetz wurde im Gesetz- und Verordnungsblatt für das Land Sachsen-Anhalt (GVBl. LSA Nr. 24/2009 vom 21.12.2009, S. 717–719) veröffentlicht und ist gemäß § 2 des Gesetzes am 22. Dezember 2009 in Kraft getreten.

Anmerkung:

Der BauO LSA kann keine Regelung zur Verantwortlichkeit zur Nachrüstung entnom-men werden. Der §47 Abs. 4 beschreibt lediglich den Zustand, der am Ende der Über-gangsfrist hergestellt sein muss, nicht aber wer dafür verantwortlich ist. Allgemein wird davon ausgegangen, dass die Nachrüstung von Rauchwarnmeldern in Sachsen-Anhalt dem Eigentümer obliegt. Hat der Eigentümer die Geräte eingebaut, ist er auch für die Inspektion und Wartung zuständig, wenn nichts anderes geregelt ist.

Schleswig-Holstein

Einbaupflicht:

- für Neu- und Umbauten   ab 01.04.2005
- für bestehende Wohnungen ab 01.04.2005 (Übergangsfrist bis 31.12.2010)

Mindestens ein Rauchwarnmelder ist einzubauen in allen:

- Schlafräumen
- Kinderzimmern
- Fluren, über die Rettungswege von Aufenthaltsräumen führen

Verantwortlich:

- für den Einbau: Eigentümer
- für die Betriebsbereitschaft: Besitzer (bei Mietwohnungen = Mieter)

Gesetzliche Grundlage:

Mit dem Gesetz zur Änderung der Landesbauordnung vom 20. Dezember 2004 wurde dem §52 der folgende Absatz 7 zugefügt:

(7) [1]In Wohnungen müssen Schlafräume, Kinderzimmer und Flure, über die Rettungswege von Aufenthaltsräumen führen, jeweils mindestens einen Rauchwarnmelder haben. [2]Die Rauchwarnmelder müssen so eingebaut und betrieben werden, dass Brandrauch frühzeitig erkannt und gemeldet wird. [3]Die Eigentümerinnen oder Eigentümer vorhandener Wohnungen sind verpflichtet, jede Wohnung bis zum 31. Dezember 2009 mit Rauchmeldern auszurüsten.

Das Gesetz wurde im Gesetz- und Verordnungsblatt für Schleswig-Holstein (GVOBl. Schl.-H. 2005, S. 2) vom 6. Januar 2005 veröffentlicht und trat gem. Artikel 3 am 1. April 2005 in Kraft.

Mit dem Gesetz vom 22.01.2009, veröffentlicht im Gesetz- und Verordnungsblatt 2009 (GVOBl. Schl.-H. 2009, Nr. 2 S 6-47), wurde die Landesbauordnung Schleswig-Holstein neu gefasst. Der Abschnitt VII – Wohnungen ist in der neuen Fassung in §49 enthalten. Gleichzeitig wurden die Regelungen zum Einbau von Rauchwarnmeldern (jetzt Absatz 4) um die Sicherstellung der Betriebsbereitschaft ergänzt und die Übergangsfrist um ein Jahr verlängert:

*(4) [1]In Wohnungen müssen Schlafräume, Kinderzimmer und Flure, über die Rettungswege von Aufenthaltsräumen führen, jeweils mindestens einen Rauchwarnmelder haben. [2]Die Rauchwarnmelder müssen so eingebaut und betrieben werden, dass Brandrauch frühzeitig erkannt und gemeldet wird. [3]Die Eigentümerinnen oder Eigentümer vorhandener Wohnungen sind verpflichtet, jede Wohnung bis zum **31. Dezember 2010** mit Rauchwarnmelder auszurüsten. [4]**Die Sicherstellung der Betriebsbereitschaft obliegt den unmittelbaren Besitzerinnen oder Besitzern, es sei denn, die Eigentümerin oder der Eigentümer übernimmt diese Verpflichtung selbst.***

Thüringen

Einbaupflicht:

- für Neu- und Umbauten   ab 29.02.2008
- für bestehende Wohnungen ab 29.03.2014 (Übergangsfrist bis 31.12.2018)

Mindestens ein Rauchwarnmelder ist einzubauen in allen:

- Schlafräumen
- Kinderzimmern
- Fluren, über die Rettungswege von Aufenthaltsräumen führen

Verantwortlich:

- für den Einbau: Bauherr / Eigentümer (siehe Anmerkung)
- für die Betriebsbereitschaft: Eigentümer (siehe Anmerkung)

Gesetzliche Grundlage:

Die Verpflichtung zur Ausrüstung von neuen Wohnungen mit Rauchwarnmeldern besteht in Thüringen seit Februar 2008.

Im Februar 2014 wurde eine völlig überarbeitete Bauordnung für den Freistaat Thüringen beschlossen. Anforderungen an Wohnungen sind jetzt in § 48 Absatz 4 ThürBO genannt:

(4) [1]Zum Schutz von Leben und Gesundheit müssen in Wohnungen Schlafräume und Kinderzimmer sowie Flure, über die Rettungswege von Aufenthaltsräumen führen, jeweils mindestens einen Rauchwarnmelder haben. [2]Die Rauchwarnmelder müssen so eingebaut und betrieben werden, dass Brandrauch frühzeitig erkannt und gemeldet wird. [3]Vorhandene Wohnungen sind bis zum 31. Dezember 2018 mit Rauchwarnmeldern auszurüsten. [4]Die Einstandspflicht der Versicherer im Schadensfall bleibt unberührt.

Die neue Thüringer Bauordnung wurde am 13.03.2014 ausgefertigt und am 28.03.2014 im Gesetz- und Verordnungsblatt für den Freistaat Thüringen (Nr. 3/2014, S. 49ff) veröffentlicht. Das Gesetz ist am Tage nach der Veröffentlichung in Kraft getreten.

Anmerkung:

In der Landesbauordnung des Freistaates Thüringen ist nicht formuliert, wer für den Einbau und die Sicherstellung der Betriebsbereitschaft der Rauchwarnmelder verantwortlich ist. Der §48 Abs. 4 beschreibt lediglich den Zustand, der am Ende der Übergangsfrist hergestellt sein muss. Allgemein wird davon ausgegangen, dass die Nachrüstung von Rauchwarnmeldern in Thüringen dem Eigentümer obliegt. Hat der Eigentümer die Geräte eingebaut, ist er auch für die Inspektion und Wartung zuständig, wenn nichts anderes geregelt ist.

Anhang 2

Muster-Erklärung über die Maßnahmen zur Sicherstellung der Betriebsbereitschaft

© Springer Fachmedien Wiesbaden GmbH, ein Teil von Springer Nature 2018
L. Inderthal, *Rechte und Pflichten beim Einbau und Betrieb von Rauchwarnmeldern*,
https://doi.org/10.1007/978-3-658-21769-3

Maßnahmen zur Sicherstellung der Betriebsbereitschaft von Rauchwarnmeldern

Die Sicherstellung der Betriebsbereitschaft der vorhandenen Rauchwarnmelder hat das Ziel, die Bewohner vor den Auswirkungen von Brandrauch zu schützen. Eine sofortige akustische Warnung unmittelbar nach Ausbruch eines Brandes, die den Bewohnern die Möglichkeit gibt, frühzeitig den Gefahrenbereich zu verlassen, kann nur durch funktionierende Rauchwarnmelder erreicht werden.

Rauchwarnmelder verfügen über eine eingebaute Prüfeinrichtung, mit der die Funktionsbereitschaft über eine Taste durch die Bewohner regelmäßig (z. B. monatlich) ohne weitere Hilfsmittel geprüft werden kann. (Zur Vermeidung von Ruhestörungen sollte die Funktionsprüfung nur in der Zeit zwischen 8:00 Uhr und 20:00 Uhr durchgeführt werden.)

1. Sämtliche Maßnahmen, die dazu führen könnten, die Betriebsbereitschaft der Rauchwarnmelder einzuschränken, sind zu unterlassen. Dazu ist insbesondere zu beachten:

    a. Die Rauchwarnmelder müssen an der Stelle, an der sie eingebaut wurden, verbleiben und dürfen nicht entfernt werden.

    b. Rauchwarnmelder dürfen nicht abgedeckt, abgeklebt oder überstrichen werden.

    c. Die Raucheintrittsöffnungen und die Schallaustrittsöffnung der Rauchwarnmelder müssen bei Bedarf von Staub, Flusen, Insekten, Spinnweben und anderen Verunreinigungen befreit werden.

2. Rauchwarnmelder dürfen nicht mit echtem Rauch oder Feuer (z. B. Zigaretten, Räucherstäbchen o. ä.), Haarspray oder sonstigen Mitteln geprüft werden.

3. Wird ein Raum als Schlafraum (auch z. B. Gästezimmer), Kinderzimmer oder Fluchtweg zum Ausgang der Wohnung genutzt, in dem kein Rauchwarnmelder angebracht ist, ist der Vermieter unverzüglich zu informieren.

4. Wenn die Position von Einrichtungsgegenständen (z. B. Möbel, Pflanzen oder Lampen) so verändert wird, dass dadurch der Abstand zu einem Rauchwarnmelder weniger als 50 cm beträgt, ist der Vermieter unverzüglich zu informieren.

5. Nach dem Gesetz sind die Mieter verpflichtet, einen Mangel an der Mietsache dem Vermieter unverzüglich anzuzeigen. Das betrifft auch die in der Wohnung eingebauten Rauchwarnmelder.

    Der Vermieter ist unverzüglich zu informieren:

    a. wenn ein Rauchwarnmelder äußerlich beschädigt ist,

    b. wenn ein Rauchwarnmelder durch optische oder akustische Warnungen einen Störungszustand anzeigt,

    c. wenn bei der regelmäßig durchzuführenden Funktionskontrolle über die Prüftaste die Funktionsbereitschaft des Rauchwarnmelders nicht bestätigt wird.

Umgang mit Fehlalarmen

Koch- und Wasserdampf sowie Staub- und Schmutzentwicklung können mögliche Ursachen für einen unerwünschten Alarm sein. Sollten beispielsweise aufgrund der Lage oder des Gebrauchs der Küche überproportional viele Alarme ausgelöst werden, informieren Sie den Vermieter, um den Rauchwarnmelder an einer Stelle zu montieren, wo er weniger von Kochdünsten und/oder Dampf erreicht werden kann.

*   Auch wenn es bei einem Alarm keine Anzeichen von Rauchentwicklung, Hitze oder Brandgeräuschen gibt, sollte zunächst davon ausgegangen werden, dass es brennt.

*   Überprüfen Sie Ihre Wohnung sorgfältig, ob irgendwo ein kleines Feuer schwelt.

*   Überprüfen Sie, ob es irgendwo eine Rauch- oder Dampfquelle gibt, die vielleicht durch ein Fenster oder eine Lüftungsanlage zu dem Rauchwarnmelder gelangt.

Verhalten im Brandfall

*   Bewahren Sie Ruhe und rufen Sie den **Notruf 112**.

*   Wenn der Fluchtweg **nicht** verraucht ist:
    Verlassen Sie das Gebäude und schließen Sie die Wohnungstür, sobald alle Bewohner die Wohnung verlassen haben!

*   **Wenn der Fluchtweg verraucht ist**:
    Ziehen Sie sich in einen rauchfreien Raum in der Wohnung zurück und schließen Sie die Türen!
    Machen Sie sich an einem Fenster bemerkbar und warten Sie auf Hilfe!

Anhang 3

Muster Einbau- und Inbetriebnahmeprotokoll

© Springer Fachmedien Wiesbaden GmbH, ein Teil von Springer Nature 2018
L. Inderthal, *Rechte und Pflichten beim Einbau und Betrieb von Rauchwarnmeldern*,
https://doi.org/10.1007/978-3-658-21769-3

Einbau und Inbetriebnahme von Rauchwarnmeldern

Objekt

Straße / Hnr.: _____

PLZ / Ort: _____

☐ Einfamilienhaus   ☐ Mehrfamilienhaus

Etagen gesamt: _____   Wohnung Nr.: _____

bewohnte Etagen: _____   Etage / Lage: _____

Räume	Anzahl	Rauchwarnmelder
Schlaf- und Gästezimmer		
Kinderzimmer		
Flure in der Nutzungseinheit		
Sonstige Räume		
Anzahl eingebauter Rauchwarnmelder gesamt:		

Inbetriebnahme und Einweisung

In allen nach Landesbauordnung vorgeschriebenen Räumen wurden Rauchwarnmelder nach den Vorgaben des Herstellers eingebaut und in Betrieb genommen.	☐ ja ☐ nein
Bei allen eingebauten Rauchwarnmeldern wurde ein Funktionstest gemeinsam mit mindestens einem Bewohner durchgeführt.	☐ ja ☐ nein
Den Bewohnern wurde jeweils eine Betriebsanleitung für jeden einge-bauten Gerätetyp übergeben.	☐ ja ☐ nein
Die Bewohner wurden über ihre Verpflichtung zur Sicherstellung der Betriebsbereitschaft der eingebauten Rauchwarnmelder und die dazu erforderlichen Maßnahmen informiert.	☐ ja ☐ nein
Die Bewohner wurden über das Verhalten im Brandfall informiert.	☐ ja ☐ nein

Ort, Datum: _____

_____   _____
Unterschrift Bewohner   Unterschrift Monteur - Firmenstempel

Anhang 4

Muster-Richtlinie
für den Einbau und Betrieb von Rauchwarnmeldern

Entwurf einer
Muster-Richtlinie für den Einbau und Betrieb von Rauchwarnmeldern

Zur Ausführung des § 14 MBO wird hinsichtlich der Rettung von Menschen im Brandfall folgendes bestimmt:

§ 1 – Schutzziel

(1)   Ziel dieser Richtlinie ist die Rettung von Menschen bei Bränden
    a) in Wohnungen und
    b) in Räumen außerhalb von Wohnungen, die bestimmungsgemäß zum Schlafen genutzt werden, soweit nicht für solche Räume eine automatische Rauchdetektion und angemessene Alarmierung sichergestellt sind.

(2)   Durch den Einbau von Rauchwarnmeldern sollen Personen unmittelbar nach Ausbruch eines Brandes alarmiert werden, so dass die Personen den Gefahrenbereich frühzeitig verlassen können. Weitere Funktionen haben die Geräte nicht.

§ 2 – Begriffe

(1)   Ein Rauchwarnmelder ist ein Gerät, bei dem alle Bauteile, die zur Feststellung von Rauch sowie zur Generierung eines akustischen Alarms erforderlich sind, in einem Gehäuse untergebracht sind. Die Mindestanforderungen sind in der Europäischen Norm EN 14604 festgelegt. Im Sinne dieser Richtlinie müssen die Geräte weder untereinander noch mit einer ständig besetzten, hilfeleistenden Stelle verbunden sein.

(2)   Aufenthaltsräume einer Wohnung sind alle Räume, außer Küchen (mit Ausnahme von Wohnküchen), Badezimmer, WCs, Duschen, Lager- und Abstellräume.

(3)   Eigentümer sind die Personen, die im Grundbuch als Eigentümer des Grundstücks, auf dem sich das Gebäude befindet, eingetragen sind. Bei Wohnungseigentumsgemeinschaften sind die Eigentümer des jeweiligen Sondereigentums gemeint.

(4)   Unmittelbare Besitzer sind die Personen, die auf die Räume und die darin eingebauten Rauchwarnmelder ständig Zugriff haben; in vermieteten Wohnungen sind das die Mieter bzw. Untermieter.

(5)   Mit Einbau ist die dauerhafte Befestigung der Rauchwarnmelder an den nach Angabe des Herstellers der Rauchwarnmelder in der Betriebs- bzw. Montageanleitung genannten geeigneten Positionen mittels der dort empfohlenen Montagemittel bezeichnet.

§ 3 – Einbau der Rauchwarnmelder

(1)   In Neubauten müssen Rauchwarnmelder zum Zeitpunkt der Inbetriebnahme in allen Aufenthaltsräumen und Rettungswegen der in § 1 Absatz 1 genannten Bereiche vorhanden sein. Für den Einbau ist die Bauherrschaft verantwortlich.

(2)   In allen Aufenthaltsräumen und Rettungswegen der in § 1 Absatz 1 genannten Bereiche müssen Rauchwarnmelder bis spätestens 31.12.2020 eingebaut sein. Für die erstmalige Instandsetzung bestehender Gebäuden im Sinne dieser Richtlinie sind die Eigentümer verantwortlich.

(3)   Die Eigentümer sind für die Instandsetzung nicht funktionsfähiger Rauchwarnmelder sowie für deren Austausch vor Erreichung des vom Hersteller empfohlenen und auf dem Gerät angegebenen Austauschdatums verantwortlich.

§ 4 – Betrieb der Rauchwarnmelder

(1)   Die unmittelbaren Besitzer sind für die Sicherstellung der Betriebsbereitschaft verantwortlich. Die dazu erforderlichen Maßnahmen sind in der Betriebsanleitung des Herstellers genannt. Darüber hinaus ist alles zu unterlassen, was die Funktionsbereitschaft der Rauchwarnmelder beeinträchtigt.

(2)   Die unmittelbaren Besitzer veranlassen die Instandsetzung durch den Eigentümer unverzüglich, sobald ein Rauchwarnmelder nicht betriebsbereit ist.

§ 5 – Fehlalarme

Die Eigentümer sind zum Ersatz der der Feuerwehr bei der Erfüllung ihrer Aufgaben entstandenen Kosten verpflichtet, wenn diese durch einen technischen Fehlalarm eines Rauchwarnmelders verursacht wurden. Schadensersatzansprüche der Eigentümer gegen Dritte bleiben davon unberührt.

Fachbegriffe

10-Jahres-Rauchwarn-melder	Rauchwarnmelder mit fest eingebauter Batterie, die bei üblichen Bedingungen in einer Wohnung über die nach →EN 14604:2005 definierte →Lebensdauer des Rauchwarn-melders (10 Jahre +6 Monate Toleranz) nicht ausgetauscht werden muss.
abnehmbar	bedeutet, dass ein Teil zu Wartungszwecken oder anderen Zwecken entfernt werden kann, ohne dabei ein anderes Bauteil zu beschädigen[2]
Aerosol	Gemisch aus Gas (zum Beispiel Luft) und festen und/oder flüs-sigen Partikeln (zum Beispiel Staub oder Wasser)
Alarmstummschalt–einrichtung	Einrichtung zur zeitweiligen manuellen Deaktivierung oder Re-duzierung der →Ansprechempfindlichkeit eines Rauchwarn-melders[2]
Alarmzustand	Zustand, in dem ein Rauchwarnmelder ein akustisches Signal generiert, das entsprechend den Anforderungen des Herstellers festgelegt wird und als Hinweis auf einen Brand dient[2]
Alkaline-Batterie	Die Alkali-Mangan-Zelle hat auf Grund der höheren Kapazität und Haltbarkeit sowie der geringeren Selbstentladung die Zink-Kohle-Zelle weitgehend verdrängt.
Ansprechempfindlichkeit	→Ansprechschwelle
Ansprechschwelle	Rauchkonzentration, bei der ein Rauchwarnmelder in seinen →Alarmzustand übergeht[2]
Aufenthaltsraum	siehe Kap. 2.3
Backdraft	auch Rauchgasdurchzündung oder Rauchgasexplosion; entsteht u.a. durch plötzliche Sauerstoffzufuhr bei einem Wohnungsbrand
Batteriegesetz	Gesetz über das Inverkehrbringen, die Rücknahme und die um-weltverträgliche Entsorgung von Batterien und Akkumulatoren
Batteriestörungsmeldung	Nach →EN 14604:2005 muss ein Rauchwarnmelder eine akustische Störungsmeldung für die Dauer von mindestens 30 Tagen ausgeben, bevor die Abnahme der Batteriespannung einen ordnungsgemäßen Betrieb des Gerätes verhindert.
BattG	Abk. für →Batteriegesetz

© Springer Fachmedien Wiesbaden GmbH, ein Teil von Springer Nature 2018
L. Inderthal, *Rechte und Pflichten beim Einbau und Betrieb von Rauchwarnmeldern*,
https://doi.org/10.1007/978-3-658-21769-3

Bauprodukt	jedes Produkt, das hergestellt und in Verkehr gebracht wird, um dauerhaft in Bauwerke oder Teile davon eingebaut zu werden, und dessen Leistung sich auf die Leistung des Bauwerks im Hinblick auf die Grundanforderungen an Bauwerke auswirkt
Bauproduktenverordnung	Verordnung (EU) Nr. 305/2011 des Europäischen Parlaments und des Rates vom 9. März 2011 zur Festlegung harmonisierter Bedingungen für die Vermarktung von Bauprodukten; regelt die Bedingungen für das Inverkehrbringen von Bauprodukten sowie die Bedingungen für die →CE-Kennzeichnung von →Bauprodukten
BauPVO	Abk. für →Bauproduktenverordnung
Bedienungsanleitung	→Betriebsanleitung
Besitzer	siehe Kap. 2.11
Bestandsschutz	siehe Kap. 2.5
Betriebsanleitung	auch Bedienungsanleitung oder Gebrauchsanleitung; Information, die dem Benutzer hilft, das Produkt bestimmungsgemäß und sicher zu verwenden.
Betriebsbereitschaft	technisch: Zustand, bei dem ein Gerät in der Lage ist, die geforderten Funktionen auszuführen (vgl. →Störungszustand)
BGB	Abk. für Bürgerliches Gesetzbuch
BHE	Abk. für BHE Bundesverband Sicherheitstechnik e. V. mit Sitz in Brücken (Pfalz)
BMA	Abk. für Brandmeldeanlage
Brand	Schadfeuer (im Gegensatz zum Nutzfeuer); Unterteilung in →Entstehungsbrand, Kleinbrand (z.B. brennende Mülltonne), Mittelbrand (z.B. Wohnungsbrand), Großbrand (z.B. Brände von Großobjekten, Industriebetrieben)
Brandgas	→Brandrauch
Brandklasse	Klassifizierung der Brände nach ihrem brennenden Stoff gemäß EN 3. A: feste Stoffe, B: flüssige Stoffe, C: gasförmige Stoffe, D: Metalle, F: Fette und Öle
Brandlast	brennbare Masse und deren Eigenschaften
Brandmeldeanlage	Gefahrenmeldeanlage zum Schutz von baulichen Anlagen, insbesondere Sonderbauten jeglicher Art und Nutzung, die Ereignisse von verschiedenen Brandmeldern empfängt, auswertet und weiterleitet; üblicherweise auf eine ständig besetzte, Hilfe leistende Stelle (zum Beispiel die Leiststelle der Feuerwehr) aufgeschaltet

Brandrauch	auch Rauch, Brandgas oder Qualm; durch Verbrennungsprozesse entstehendes, für den Menschen schädliches →Aerosol aus →CO, →CO_2, Ruß und anderen Stoffen[1]
BUS	Abk. für Binary Unit System (engl.); System zur Datenübertragung zwischen mehreren Teilnehmern
CE-Kennzeichnung	Mit der Anbringung der CE-Kennzeichnung auf einem Produkt erklärt der Hersteller oder EU-Importeur, dass das Produkt den geltenden Anforderungen genügt. Die CE-Kennzeichnung ist kein Gütesiegel (Qualitätszeichen), sondern dokumentiert lediglich die Einhaltung der gesetzlich bestimmten Mindestanforderungen. (siehe auch →BauPVO)
CEN	Abk. für Comité Européen de Normalisation (frz.); Europäisches Komitee für Normung; ist verantwortlich für Europäischen Normen (→EN) Mitglieder sind die EU-Mitgliedsstaaten + Island, Kroatien, Mazedonien, Norwegen, Schweiz und Türkei.
CO	→Kohlenmonoxid
CO-Warnmelder	Gerät zur Detektion erhöhter →Kohlenmonoxid-Konzentration in der Umgebungsluft und akustischen Alarmierung bei Überschreiten der für den Menschen schädlichen Konzentration
CO_2	→Kohlendioxid
CPR	Abk. für Construction Products Regulation(engl.); →Bauproduktenverordnung
dB	Abk. für deziBel; Einheit des Schallpegels
dB(A)	Einheit des A-bewerteten Schallpegels, bei dem die Eigenschaften des menschlichen Gehörs berücksichtigt werden
Deutsches Institut für Normung e. V.	mit Sitz in Berlin; erarbeitet →DIN-Normen
DIN	DIN-Norm, die ausschließlich oder überwiegend nationale Bedeutung hat auch: Abk. für →Deutsches Institut für Normung e.V.
DIN 14675	→DIN-Norm: Brandmeldeanlagen - Aufbau und Betrieb
DIN 14676	→DIN-Norm: Rauchwarnmelder für Wohnhäuser, Wohnungen und Räume mit wohnungsähnlicher Nutzung - Einbau, Betrieb und Instandhaltung
DIN 31051	→DIN-Norm: Grundlagen der Instandhaltung

DIN EN	Deutsche Übernahme einer Europäischen Norm (→EN)
DIN EN 14604	deutsche Fassung der →EN 14604
DIN EN 54-7	deutsche Fassung der EN 54-7: Brandmeldeanlagen - Teil 7: Rauchmelder - Punktförmige Melder nach dem Streulicht-, Durchlicht- oder Ionisationsprinzip
DIN SPEC	Festlegung von Spezifikationen; ansonsten ähnliche Bedeutung wie eine →DIN-Norm
Durchlichtprinzip	(auch Durchlicht-Verfahren) Methode zur Feststellung von Brandrauch in optischen Rauchwarnmeldern, bei der ein Lichtstrahl durch Rauch unterbrochen oder abgeschwächt wird (vgl. →Streulichtprinzip)
Echt-Alarm-Garantie	Einige Hersteller qualitativ hochwertiger Rauchwarnmelder übernehmen die Kosten für einen Feuerwehreinsatz in Folge einer technischen bedingten Fehlauslösung (→ Fehlalarm) unter definierten Bedingungen bis zu einer festgelegten Höhe.
Eigentümer	siehe Kap. 2.9
Eigentümergemeinschaft	siehe Kap. 2.10
Einbau	siehe Kap. 2.6
Einbauanleitung	Teil der →Betriebsanleitung, in dem u.a. zugelassene Montagemittel genannt sind
ElektroG	Abk. für Elektro- und Elektronikgerätegesetz
EMV	elektromagnetische Verträglichkeit; bezeichnet die Störfreiheit elektrischer oder elektronischer Geräte mit ihrer Umgebung
EN	Abk. für Europäische Norm (vgl. →DIN EN)
EN 14604	Harmonisierte Europäische Norm für das Bauprodukt „Rauchwarnmelder"
Entstehungsbrand	Phase eines →Brandes vor dem Übergang in den Vollbrand; oft ein →Schwelbrand; Nur in der Entstehungsphase können Brände zum Beispiel mit →Feuerlöschern oder →Löschspraydosen wirksam bekämpft werden.
Fachkraft für Rauchwarnmelder	Person mit technischem Verständnis, die den Nachweis der Kompetenz zur Planung, Einbau und Wartung von Rauchwarnmeldern nach DIN 14676 durch eine bestandene Prüfung erbracht hat
Falschalarm	→Alarmzustand ohne Brand oder Brandrauch; Überbegriff für →Fehlalarm und →Täuschungsalarm

Feature	(engl.) Eigenschaft, Merkmal
Fehlalarm	technisch bedingte Fehlauslösung eines Alarms ohne direkte äußere Einwirkung (kein Brand, Rauch, Dampf oder Staub); vgl. →Täuschungsalarm
Feuerlöscher	nach DIN EN 3 genormtes tragbares Kleinlöschgerät mit einem Gesamtgewicht von maximal 20 Kilogramm zum Bekämpfen von →Entstehungsbränden (vgl. →Löschspraydose)
Flash-Over	schlagartigen Übergang eines Schadfeuers (z. B. Zimmerbrand) von der Entstehungsbrandphase hin zur Vollbrandphase
Flur	siehe Kap. 2.4
gemeinschaftlich genutzte Bereiche	Bereiche eines Mehrfamilienhauses, die nicht unmittelbar zu einer Wohnung gehören, z.B. Treppenhaus, Wäscheraum usw.
GRS	Abk. für Stiftung Gemeinsames Rücknahmesystem Batterien mit Sitz in Hamburg
Haftung	siehe Kap. 2.14
harmonisierte Norm	Produktnorm, die vom →CEN im Auftrag der europäischen Kommission erarbeitet wurde und in den Mitgliedsstaaten des CEN gültig ist
Hauptenergieversorgung	primäre Versorgung des →Rauchwarnmelders mit Strom, z. B. eine Batterie oder das Stromversorgungsnetz[2]
Hitzewarnmelder	auch Wärmewarnmelder oder Thermo-Melder; löst Alarm bei Messung einer festgelegten Temperatur (Maximal-Prinzip) oder bei einem Anstieg der Umgebungstemperatur (Differenz-Prinzip) aus; erfüllt nicht die Anforderungen nach →EN 14604:2005 genormt und kann nicht als Ersatz für Rauchwarnmelder verwendet werden in Räumen, die nach Bauordnung mit einem Rauchwarnmelder ausgerüstet sein müssen
IFS	Abk. für Institut für Schadenverhütung und Schadenforschung der öffentlichen Versicherer e.V. mit Sitz in Kiel
Inspektion	Maßnahmen zur Feststellung und Beurteilung des Ist-Zustandes einer Einheit einschließlich der Bestimmung der Ursachen der Abnutzung und dem Ableiten der notwendigen Konsequenzen für eine künftige Nutzung[3]
Instandhaltung	Kombination aller technischen und administrativen Maßnahmen sowie Maßnahmen des Managements während des Lebenszyklus einer Einheit, die dem Erhalt oder der Wiederherstellung ihres funktionsfähigen Zustands dient, sodass sie die geforderte Funktion erfüllen kann[3]

Instandsetzung	physische Maßnahme, die ausgeführt wird, um die Funktion einer fehlerhaften Einheit wiederherzustellen[3]
Ionisation	Vorgang, bei dem aus einem Atom oder Molekül ein oder mehrere Elektronen entfernt werden, so dass das Atom oder Molekül als positiv geladenes Ion (Kation) zurückbleibt
Ionisationsprinzip	Methode zur Detektion von Brandrauch in Rauchwarnmeldern, bei der die Sensorik des Rauchwarnmelders eine Verringerung des Stromflusses in der Messkammer bei Eindringen von Brandrauch auswertet
IPC	Kurzname für Association Connecting Electronics Industries mit Sitz in Illinois, USA; veröffentlicht unter anderem Industriestandards und legt darin Anforderungen und Kriterien beispielweise zur Bewertung von Leiterplatten, Chipgehäuse und dem Löten in der Elektronik fest
ISM-Band	Abk. für Industrial, Scientific and Medical Band; Frequenzbereiche, die durch Hochfrequenz-Geräte in Industrie, Wissenschaft, Medizin, in häuslichen und ähnlichen Bereichen genutzt werden können, zum Beispiel WLAN, RFID, Bluetooth, Babyphone und Funk-Alarmanlagen; wird mit einer Frequenz von ca. 868 MHz für die Funkvernetzung von Rauchwarnmeldern verwendet (vgl. →SRD-Band)
Klebepad	doppelseitig klebende Scheibe aus Schaumkunststoff (z.B. PE-Schaum) zur Befestigung von Rauchwarnmeldern an der Zimmerdecke; In der →Einbauanleitung des Herstellers ist angegeben, mit welchen Befestigungsmitteln der Rauchwarnmelder befestigt werden kann.
Kohlenmonoxid	brennbares, geruchloses und giftiges Gas; etwas leichter als Luft; entsteht u. a. durch unvollkommene Verbrennung z. B. bei einem →Schwelbrand
Kohlendioxid	unbrennbares, geruchloses und ungiftiges Gas; schwerer als Luft; entsteht bei der Verbrennung und wirkt wegen der Bindung des Sauerstoffs in der Atemluft erstickend
KRIWAN	KRIWAN Testzentrum GmbH & Co. KG mit Sitz in Forchtenberg; →notifiziertes Prüfinstitut für die Prüfung der Leistungsbeständigkeit von Rauchwarnmeldern nach →EN 14604

LBO	Abk. für Landesbauordnung
Lebensdauer	bei Rauchwarnmeldern: 10 Jahre (+6 Monate Toleranz) gemäß →DIN 14676:2012; Am Ende der Lebensdauer soll der Rauchwarnmelder ausgetauscht oder werksüberholt werden, weil die Zuverlässigkeit der elektronischen Bauteile nicht mehr gewährleistet ist. Das Austauschdatum muss nach →EN 14604:2005 auf dem Rauchwarnmelder angegeben sein.
LED	Abk. für light-emitting diode (engl.); Leuchtdiode
Lithium-Batterie	wird meist als 3V-Zelle in 10-Jahres-Rauchwarnmelder fest eingebaut; Lithium-Batterien sind nicht wiederaufladbar und dürfen in keinem Fall geöffnet werden, in ein Feuer geworfen werden oder mit Wasser in Kontakt kommen
Löschspraydose	Druckbehälter mit einem Löschmittel, der wegen seiner einfachen Bedienung zur Verhinderung der Brandausbreitung und Löschen von →Entstehungsbränden auch durch ungeübte Personen geeignet ist. (vgl. →Feuerlöscher)
Montageanleitung	→Einbauanleitung
Montagesockel	Teil eines Rauchwarnmelders, der an der Decke befestigt wird; Rauchwarnmelder mit fest eingebauter Batterie werden in der Regel durch Einsetzen in den Montagesockel aktiviert.
Normalbetriebszustand	Zustand, in dem der Rauchwarnmelder mit Energie versorgt ist, aber weder ein Brandwarnsignal noch eine Störungsmeldung generiert, aber in einem Bereitschaftszustand ist, um bei entsprechenden Bedingungen diese Signale zu generieren[2]
notifiziertes Prüfinstitut	Einrichtung, die vom Deutschen Institut für Bautechnik (DIBt) für die Prüfung, Überwachung und Zertifizierung von Bauprodukten gem. →BauPVO anerkannt und von der Europäischen Kommission notifizert wurde.
NPD	(auch: n.p.d.); Abk. für No Performance Determined (engl.); Kennzeichnung in der Leistungserklärung zu einem Bauprodukt, wenn die Leistung zu einem in der Harmonisierten Europäischen Norm genannten Wesentlichen Merkmal vom Hersteller nicht erklärt wird.
Nutzungseinheit	Wohnung, Einfamilienhaus oder vergleichbare andere ein- oder mehrgeschossige Raumgruppe mit wohnungsähnlicher Nutzung bzw. Eignung. Beispiel: Zeitweise oder dauerhaft zum Schlafen nutzbarer Raum, Beherbergungsbetrieb mit weniger als 12 Gastbetten, Hütte, Gartenlaube und Freizeitunterkunft[1]

Obliegenheit	siehe Kap. 2.13
OEM	Abk. für Original-Equipment-Manufacturer (engl.); OEMs stellen Produkte her, bringen diese aber nicht selbst in den Handel, sondern liefern an andere Hersteller, welche die Produkte unter ihrem eigenen Namen anbieten.
Pflicht	siehe Kap. 2.12
prDIN, prEN	Vornorm (deutsch, europäisch), Entwurf einer Norm
Prüfeinrichtung	Einrichtung zur Durchführung regelmäßiger Prüfungen, mit der Rauch in der Messkammer mechanisch oder elektrisch simuliert werden kann
Q-Logo	eingetragenes Markenzeichen (Bildmarke), das in Lizenz von Herstellern für Rauchwarnmelder verwendet werden kann, um die Übereinstimmung mit den Anforderungen der vfdb Richtlinie 14-01 zu kennzeichnen
Rauchgasintoxikation	auch Rauchgasvergiftung oder Rauchvergiftung; Vergiftung mit im Brandrauch enthaltenen Atemgiften
Rauchwarnmelderpflicht	Verpflichtung nach Landes-Bauordnung zum Einbau und zum Betrieb von Rauchwarnmeldern in Wohnungen
Rauchwarnmelder	Einrichtung, die alle Bauteile umfasst, die zur Feststellung von Rauch und zum Generieren eines akustischen Alarmsignals erforderlich sind; sie kann ein oder mehrere Bauteile umfassen, wie z. B. einen Sockel (Fassung) und einen Kopf (Körper) [2]
RWM	Abk. für →Rauchwarnmelder
Relay	(engl.) Relaisstation (auch Relaisfunkstelle oder kurz Relais) sendet ein empfangenes Signal auf der gleichen Frequenz wieder aus und ermöglicht dadurch eine Datenübertragung über größere Strecken, als mit einer direkten Verbindung möglich wäre
Schutzziel	siehe Kap. 2.1
schräge Decke	geneigte Zimmerdecke, meist im Dachgeschoss von Gebäuden; nach →DIN 14676:2012 ist bei der Wahl des Montageortes für den Rauchwarnmelder, die Bildung von →Wärmepolstern bei Decken mit einer Neigung von mehr als 20° zu berücksichtigen.
Schwelbrand	unvollkommenen Verbrennung auf Grund ungenügender Sauerstoffzufuhr, bei der u. a. giftiges →Kohlenmonoxid entsteht
Sicherstellung der Betriebsbereitschaft	siehe Kap. 2.7

Sichtkontrolle	bei Rauchwarnmeldern: Prüfung auf funktionsrelevante Beschädigungen und Verunreinigungen im Rahmen der Inspektion
SRD-Band	Abk. für Short Range Devices (engl.); Kurzstreckenfunk; wird mit einer Frequenz von ca. 443 MHz für die Funkvernetzung von Rauchwarnmeldern verwendet (vgl. →ISM-Band)
Störungsmeldung	Signal zur Anzeige einer vorhandenen oder beginnenden Störung, die das Aussenden eines Brandwarnsignals verhindern könnte[2]
Störungszustand	Zustand, in dem der Betrieb des Rauchwarnmelders durch einen nicht ordnungsgemäßen Zustand eines Bestandteils beeinträchtigt wird[2]
Streulichtprinzip	(auch Streulicht-Verfahren) Methode zur Feststellung von Brandrauch in optischen Rauchwarnmeldern, bei der ein Lichtstrahl in einer Messkammer durch Rauch abgelenkt oder reflektiert wird (vgl. →Durchlichtprinzip)
Täuschungsalarm	→Alarmzustand ohne Brand oder Rauch und ohne Fehlfunktion des Rauchwarnmelders, ausgelöst durch Wasserdampf, Staub, Insekten o.ä.; vgl. →Fehlalarm
TF	Abk. für Testfeuer; auch Prüfbrand; Die in der DIN EN 54 definierten Testfeuer TF1 bis TF6 repräsentieren verschiedene Brandarten mit unterschiedlichen Rauchgasen; Rauchwarnmelder werden nach DIN EN 14607 mit TF2 bis TF5 geprüft.
Thermo-Sensoren	Sensoren zur Messung von Temperaturen und Alarmauslösung bei Erreichen eines Maximalwertes oder bei Steigerung der Umgebungstemperatur um eine festgelegte Differenz; vgl. →Hitzemelder
Übergangsfrist	Zeitraum nach in Kraft treten der →Rauchmelderpflicht bis zum Eintritt der Rechtsverpflichtung zur Nachrüstung von bestehenden Wohnungen mit Rauchwarnmeldern
Überwachungsfläche	maximale Fläche eines Raumes, für die ein einzelner Rauchwarnmelder Brandrauch sicher und schnell detektieren kann; Ist die Grundfläche eines Raumes größer als die in der →Betriebsanleitung angegebene Überwachungsfläche, müssen mehrere Rauchwarnmelder in dem Raum eingebaut werden.
VdS	Abk. für VdS Schadenverhütung GmbH mit Hauptsitz in Köln; ein Unternehmen des Gesamtverbandes der Deutschen Versicherungswirtschaft e. V. (GDV); →notifiziertes Prüfinstitut für die Prüfung der Leistungsbeständigkeit von Rauchwarnmeldern nach →EN 14604

vernetzungsfähiger Rauchwarnmelder	Rauchwarnmelder, der zur Generierung eines Sammelalarms mit anderen Rauchwarnmeldern verbunden werden kann[2]
Verpflichtung	vgl. →Pflicht
vfdb	Abk. für Vereinigung zur Förderung des Deutschen Brand-schutzes e. V.
Wärmepolster	Bereich mit aufgewärmter Luft, meist im Bereich von Decken-spitzen, in die Rauch nicht vordringen kann
Warneinrichtung	zusätzliche Einrichtung zur Warnung von Personen. Beispiel: Gefahrenwarnanlage nach DIN V VDE V 0826-1 (VDE V 0826-1), zusätzliche akustische, optische oder mechanische (Vibrationskissen) Warneinrichtungen[1]
Warnung	akustische Signalisierung am Rauchwarnmelder selbst und ggf. an dem mit ihm vernetzten Rauchwarnmelder oder einer mit ihm vernetztem Empfangs- und Auswerteeinheit[1]
Wartung	siehe auch Kap. 2.8
WEG	Abk. für Wohnungseigentümergemeinschaft vgl. →Eigentümergemeinschaft
Wohnung	siehe Kap. 2.2
Zusatzstromversorgung	Stromversorgung, die den Rauchwarnmelder bei Ausfall der →Hauptenergieversorgung mit Strom versorgt[2]
ZVEI	Abk. für Zentralverband Elektrotechnik- und Elektronik-in-dustrie e.V. mit Sitz in Frankfurt/M.

[1] Definition nach DIN 14676:2012
[2] Definition nach EN 14604:2005
[3] Definition nach DIN 31051:2012

Sachwortverzeichnis

© Springer Fachmedien Wiesbaden GmbH, ein Teil von Springer Nature 2018
L. Inderthal, *Rechte und Pflichten beim Einbau und Betrieb von Rauchwarnmeldern*,
https://doi.org/10.1007/978-3-658-21769-3

Printed in the United States
By Bookmasters